東京はなぜここまでスプロールしたか

東　京　　　　ニューヨーク

都心部

10キロメートル

20キロメートル

この絵を見ると，とてものどかな感じを受ける．牛を飼うこの人は，もう1頭，牛を増やそうと考えているのかもしれない．牧草地が十分に広ければ，それも良い．しかし，他の牛飼いたちも同じように牛を増やしていったら，いずれは牧草地の許容量を超えてしまう．これが，「コモンズの悲劇」である（和泉奏平画，第1章参照）．

前ページ

高密度都市，東京とニューヨークの土地利用を比較するために，上空から撮影した（2004年）．ニューヨークでは，都心部（マンハッタン）から10 km離れると建物の密度がかなり低くなる．これに対し東京では，都心部から20 km離れても無秩序に高密度の市街地が広がる．

この両都市の大きな違いは，戦略的な計画の有無により生まれた．個別の開発はミクロな視点によることが多いが，社会としては成長をあるべき方向に導くマクロな視点（成長管理）が必要である．個別対応から長期的戦略へ，持続可能な社会ではこれが求められる（第5章参照）．

環境アセスメントとは何か

――対応から戦略へ

原科幸彦

Sachihiko Harashina

岩波新書
1301

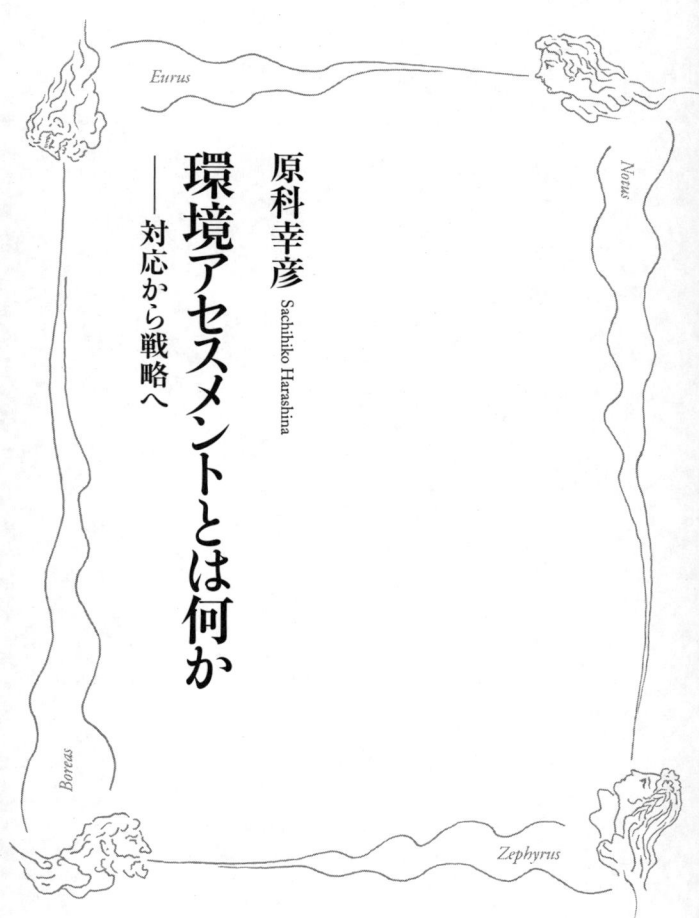

目次

目次

序章　アセスメント後進国、日本

「環境アセスメント（環境影響評価）」は、今ではよく使われる言葉になった。日本人のほとんどが、この言葉を一度は聞いたことがあるだろう。

環境アセスメントの事例は、しばしば新聞紙上やテレビニュースに登場する。二〇一〇年には、沖縄県の米軍普天間《ふてんま》基地の代替施設問題が重要な政治課題となったが、移転先としてあげられている辺野古《へのこ》にどのような代替施設を計画するかで、二〇〇七年以来、環境アセスメントが行われてきた。このプロセスではアセスメントの方法を決める「方法書」の段階から、さまざまな問題が指摘された。この他にも、八ッ場《やんば》ダム、諫早《いさはや》湾干拓、東京の圏央道など、事業による環境への影響が懸念され、アセスメントが注目された話題は多い。これらは、本質的には事業のあり方が問われ紛争になったものだが、アセスメントにおいて、その問題点がより明確になった。写真の、圏央道アセスメントでは、緑の多い地域にこのような巨大道路が必要なの

首都圏の圏央道の建設現場(東京・あきるの地区，2004年).

かが問われた。

アセスメントは、世界中で日常的に行われている。例えば、環境アセスメント分野における中心的な国際学会であるＩＡＩＡ(International Association for Impact Assessment, 国際影響評価学会、あるいは国際アセスメント学会)は、国連でも特別に認定された権威ある学術団体であり、会員は一二〇以上もの国や地域から参加している。通常の国際学会では五〇～六〇程度の国と地域になるので、この数はきわめて多い。これは、アセスメントが先進国だけのものではなく、途上国も含めた人類共通のものとなっているからである。

自主的な環境配慮

環境アセスメントの本質は十分理解されているだろうか。なにやらむずかしい科学的分析が中心のように思う人もいるだろう。しかし、それだけではない。景観や文化財などの問題も関係するので、人々の嗜好や価値判断なども重要な要素となる。

では、アセスメントとはいったい何だろう。例えば、次のように説明できる。

「環境アセスメントは、人間行為が環境に及ぼす影響を予測し、それをできるだけ緩和するための社会的な手段である。」

人間行為にはさまざまなものがあるが、その代表は土地の改変や工作物の建設をともなう各種の開発事業である。これらの事業の実施に先立ち、それが環境に与える影響を緩和するために、環境影響を予測・評価して、環境保全策を選択する。このような配慮(環境配慮)を行う主体は事業者であり、その取組みを推進するための住民参加などを含めた社会的なプロセスが環境アセスメントである。

つまり、環境アセスメントは公害規制のような規制手段ではなく、事業者の自主的な環境配慮を誘導する手段である。

事業者が社会に対して、環境配慮の説明責任を果たすためには、情報公開を基本とした手続きが必要である。この手続きは、法律(一九九七年公布の環境影響評価法、別名アセス法)や地方自治体の条例で定められている。官民を問わず、事業者は決められた手続きを経ることによって、はじめて事業の許認可が下される。この手続きにより、事業者がどこまで環境配慮を行うかが、社会の持続可能性にとって重要な鍵となる。影響は個々の事業にとどまらない。その累積的な効果は、例えば口絵に示した両都市の大きな違いとなって現われるのである。

アワセメント

この「手続きを経ればよい」ということが、アセスメントに対する期待と失望の根源でもある。期待とは、手続きの過程で、事業者が地域住民などさまざまな関係者の意見を聞いて、それらに誠実に応えて説明責任を果たせば、環境配慮が適切になされるだろうということである。官だけでなく、民も社会的貢献が求められる今日、事業者はアセスメントの適切な実施により社会的な評価を高めることができる。

しかし、地域住民などの声に対し、事業者が誠実に応えなければどうなるか。事業の実施は既定の事実だとして、形だけのアセスメントを行うことになる。これでは、環境影響を心配する人々にとっては失望である。

そこで「アワセメント」という言葉が生まれる。これは、結論が決まっていて、それに「合わせる」だけのアセスメントは駄目だという批判である。

事業者はアセスメントの結果、環境への影響が大きいと判断されれば、計画自体の大幅な変更を求められる可能性もある。そこで、影響はあまりないという結論を出しがちになる。

これまで、アワセメントといわざるをえない事例が見られたのは残念なことである。特に大規模事業においてそうであった。高速道路やダム、飛行場、発電所、廃棄物処理施設などの建設、埋立て、都市開発など、いずれも巨額の投資がなされる事業である。事業計画がほとんど決まった段階でアセスメントが行われる現行の制度では、いまさら後戻りはできない。そこで、アセスメントが始まると、事業による環境影響に懸念をもつ住民やNGO(非政府組織)は、開発のゴーサインが出たとみなす。そして、アセスメントは開発の免罪符だといわれてしまう。

しかし、これは事業者にとっても不幸なことである。事業者は環境に配慮しないわけではない。だが、現在の日本のアセスメントは事業に着手する直前に行われるので、環境に配慮する対策の選択の幅は狭くなる。事業計画の大幅変更は困難で、中止はほとんど不可能という、限られた選択肢での対応となる。したがって、十分な対応はむずかしく、その結果、地域住民やNGOなどの事業への反発も強くなる。

負のイメージ

こうなると、事業者はアセスメントを余計な負担としか感じなくなってしまう。時間も費用も余計にかかるだけなら、できるだけアセスメントはしないほうがよいと考えるのは自然の成り行きだ。そこで、アセスメント対象をできるだけ少なくしようという姿勢が、事業者に生まれる。

日本のアセスメント制度化の歴史は、事業を所管する官庁や産業界がアセスメント対象をできるだけ限定し、少しでも手続きを簡略化しようと努めてきた歴史といえる。その結果、他の先進諸国に比べ法制化が著しく遅れた。とても環境先進国とは呼べない状況である。

日本では、対象事業はきわめて限定され、大規模事業に対してのみ環境アセスメントが行われる。そのため、どのアセスメントも大がかりなものになる。その結果、アセスメントは大変なものだという意識が、事業者だけでなく、多くの国民の間にも生じた。アセスメントには負のイメージが付きまとうようである。

だが、本来のアセスメントはこのようなネガティブなものではない。持続可能な社会づくりに資する、プラス思考のものなのである。すなわち、マイナス面の除去だけでなく、むしろ事業の内容を、環境との調和を考えたよりよいものに変えてゆく契機となるはずのものである。

異常に少ない日本の実施件数

冒頭でも紹介したように、しばしば報道もされることから、日本各地で多くのアセスメントが行われていると思われるかもしれない。驚くべきことだが、事実はまったく違う。

アセス法に基づく実施件数は、一九九九年の法施行以来、二〇〇九年までの一〇年間で未了のものを含めても二〇〇件、年間わずか二〇件ほどしかない。地方自治体も、四七都道府県のすべてと政令指定都市の大多数が条例によるアセスメント制度をもっているが、アセスメントが実施されるのは全国で年間五〇件程度である。国と地方を合わせても、年間七〇件ほどということになる。

読者は、まあそんなものかと思われるかもしれないが、この数は、世界各国と比べてみると、実はきわめて少ない。

例えば、アメリカ連邦政府の国家環境政策法（NEPA）に基づくアセスメントは、年三万～五万件も行われている。平均四万件として、日本の法アセスメントの二〇〇〇倍である。アメリカの経済規模は日本の二倍強だから、それを考えても日本の一〇〇〇倍近くである。アメリカでは、州政府のアセスメント制度も半数以上の州にはあり、それらの数も加えれば、全米で年間六万～八万件は行われていると推計される。図のように、日米の差は、まるで地球と太陽だ。

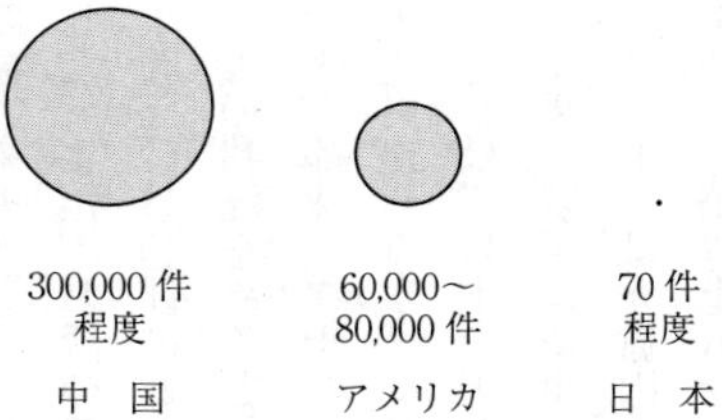

諸外国に比べてきわめて少ない
日本のアセスメント実施件数.

経済発展の著しい中国においてもアセスメントの実施件数は多い。中国は二〇〇三年にアセス法を制定・施行したばかりである。二〇〇九年、ＩＡＩＡの第二九回世界大会がアフリカのガーナで開催されたが、この大会に中国政府は、祝挙祥環境影響評価課長以下、三〇名を超える代表団を送り込んだ。筆者らが開催した国際協力のセッションで課長は、中国では年間三〇万件ものアセスメントを実施していると報告した。また、お隣の韓国の経済規模は中国の一〇分の一程度だが、アセスメントの実施件数は年間三〇〇〇件ほどある。

この状況をみると、いかに日本のアセスメント実施件数が少ないかがわかる。これだけ少ないと、本来、アセスメントを行うべき事業を見逃しているのではないかとの危惧が生ずるが、大丈夫だろうか。なぜ、日本では、こんなにもアセスメント実施件数が少ないのか。

それは、日本のアセスメントが、対象を規模の巨大な事業だけに限っているからである。その結果、費用は億単位でかかるし、調査や手続きに通常で一～二年が必要となる。辺野古アセスメントでは九億円かかったとされるが、二〇一〇年のアセス法改正案の国会審議の過程では、その一〇倍以上もかかったという野党議員の発言があった。

しかし、アセスメントは、より簡便な方法で可能なのである。

筆者はIAIAの会長も務め、世界のアセスメントの状況を見てきたが、日本の環境アセスメントは費用がかかりすぎる。辺野古アセスメントのように膨大な費用がかかるという話は聞いたことがない。世界で行われている数万件のアセスメントのほとんどは簡易なアセスメントであり、時間も費用もあまりかからない。例えば、中国で行われているアセスメントの大多数は三か月程度で終了するものばかりで、したがって、費用もあまりかからない。日本の環境アセスメントはきわめて異常な状況にある。

環境後進国の汚名

私たちは普通、よくわからないことがあれば、まず試してみる。環境に影響を与えるおそれがあるか否かは、事業規模だけではわからない。だから普通なら、まずは簡単にチェックしてみる。例えば、工場を建てるなら、予想される排気ガスや排水による汚染物質の量をチェックしてみる。そして、その結果を、影響を心配する地域住民等に公表する。日本の公害規制は厳しいので、それをクリアしていればあまり大きな影響が生ずることはないだろう。だから、結果を公表しても事業者は困らず、むしろ地域住民とのコミュニケーションがはかれ、相互理解が深まるはずだ。ところが、日本ではこのような考え方が取られない。なぜだろう。

日本の環境アセスメントは、不十分ながらも一九七〇年代初期から始まっている。当初は公害といわれる環境汚染の未然防止を主な目的として実施されてきた。これは、高度経済成長期の深刻な公害問題への対応として予防的な手段が社会的に強く求められたからであり、公害というマイナス面をチェックするという考え方であった。

一九七二年、スウェーデンのストックホルムで開かれた国連人間環境会議は、人類が初めて地球環境問題について国際的な議論をした重要な会議であった。その場で、日本政府代表の大石武一《ぶいち》環境庁長官は、水俣病のような悲劇を二度と繰り返さないために、日本は環境アセスメントの手法を取り入れると表明し、これによって政府によるアセスメントの導入が始まった。しかし、このアセスメントは法に基づくものではなく、閣議了解という行政指導によるものであった。したがって強制力がなく、事業官庁の裁量しだいとなり、アセスメント本来の機能を果たすにはまったく不十分であった。事業を推進したい立場からのアセスメントになってしまうからである。

この閣議了解から四半世紀を経て、ようやく一九九七年にアセス法が制定されたが、当時のOECD(経済協力開発機構)加盟二九カ国のなかで二九番目の法制化であった。しかも、法の全面施行は二年後の一九九九年である。OECDは経済先進国のクラブだから、アメリカに次ぐ経済大国だった日本は、先進諸国のなかで最後の法制化という汚名を被ることとなった。日本は経済的には先進国だが環境面ではそうではないと世界からは見られているが、この歴史的な事実からは反論の余地がない。

日本の課題

アセス法により、日本の環境アセスメントも、環境汚染の未然防止だけでなく、温室効果ガス排出などの環境負荷の削減や、美しい景観などの環境創造も含めた、環境を総合的にとらえるものに変わったはずである。ところが、一九九九年以前はそうではなかったため、今もアセスメントの理念が正しくは理解されていない。残念ながら、この状況は国民の多くにおいてもそうだが、事業所管省庁や産業界でも、あまり変わっていない。

二〇〇九～一〇年の間、筆者は環境省が設置した環境影響評価制度総合研究会の委員を務めた。九名の委員のうち三分の一近くが産業界関係者で占められていた。市民やNGOの代表はおらず、残りの委員は学者と行政関係者だけであった。市民やNGOの代表は委員会におけるヒアリングに、産業界や行政関係者とともに呼ばれて意見を聞かれはしたが、委員として議論する機会は与えられなかった。これでは、市民社会の声は反映できない。

筆者はたまたま、この研究会と並行して、国際協力機構（新JICA）の環境社会配慮ガイドライン改訂のための有識者委員会の座長を務め、ODA（政府開発援助）におけるアセスメントの改善作業を行った。こちらは市民社会の代表も他の分野の委員と対等に、正式な委員として参加できた。大学、NGO、産業界、行政の四分野の委員が四名ずつ、計一六名という委員構成であった。奇しくも、アセスメント制度の検討に対する、国内での取組みと国際社会を相手にした取組み、双方の明確な違いを経験したわけである。

アセス法において、アセスメント対象は規模の大きな事業に限定されている。日本のアセスメント実施件数が極端に少ないのはそのためである。なぜ、そうなってしまったのかは第2章で述べるが、対象事業の範囲を大幅に広げる必要がある。そのためには概念を変えて、対象事業のリストをなくす。JICAなど国際協力の世界でのアセスメントと同様に、アセス法では、国が何らかの形で関与する事業は、すべて対象になりうるとしてアセスメント手続きを開始することである。だが、環境省の総合研究会の委員のうち、産業界関係委員はアセスメント適用事業の拡大に否定的で、後ろ向きの議論が目立った。それは、アセスメントをネガティブな面でしか見ていないからである。

グリーン経済の中心に

環境アセスメントというと否定的な見方をする人も少なからずいる。「持続可能な発展(あるいは、持続可能な開発)」という、アセスメントの基本となる考え方には、今日ほとんどの人が賛同しているはずだから、これは筆者にとっては不思議なことである。アセスメントは本来、持続可能な発展のための主要な手段である。はたして、この本来の意味について、どれだけ正しく理解されているかは疑問である。

政府は環境立国を標榜しており、経済成長においても環境対策の推進を契機としたグリーンイノベーションが重視されている。環境アセスメントを簡易化して適用対象を拡大することは、環境ビジネスの大きな機会を生むことになる。事業による環境影響のおそれが少しでもあれば、

「まず、簡単にチェックしてみる」。こうした簡易アセスメントによって、真に持続可能な社会づくりへの道が開かれるであろう。

さらに、環境アセスメントはできるだけ早い段階から開始するべきである。現行の環境アセスメントは事業着手の直前に行われるために、環境に大きな影響を与えそうな場合でも、事業計画の大幅な変更や、ましてや中止などはできない。より早期に、事業の計画段階から戦略的に取り組むことが必要である。いまや、環境をより積極的に配慮した経済活動が求められる時代となった。

第1章　持続可能性とは何か

1 「コモンズの悲劇」から「宇宙船地球号」へ

地球が保有する資源とエネルギーに限りがあることは、今では世界の共通認識となっている。だが、この認識は二〇世紀後半になってようやく共有されたものである。人間活動が肥大し、資源やエネルギーの獲得競争の激化と環境汚染の拡大を目のあたりにし、地球環境の有限性を認識せざるをえなくなった。

世界がこの認識を広く共有するきっかけとなったのが、一九六八年にアメリカの生物学者、ギャレット・ハーディンが『サイエンス』誌に発表した論文「コモンズの悲劇」(The Tragedy of the Commons)である。この論文は大きな反響を呼び、タイトルに用いたたとえ話がよく知られるようになった。

コモンズの悲劇

このたとえ話はハーディンのオリジナルではない。イギリスのウィリアム・F・ロイドが一八三三年に「人口管理に関する二つの講演」という小冊子に書いたたとえ話を紹介したものである。

「コモンズ」はコモンの複数形で、「コモン」とはイギリスの土地利用形態の一つであり、地域コミュニティが共同で所有する家畜の放牧地である。「共有地」とも訳される。ロンドン市内にもその名残りのコモンが残され、今では公園などになっている。

たとえ話は以下のようなものである。

共有の放牧地、コモンは、広さが十分にあれば、ある牛飼いが牛を一頭増やしたとしても、牧草の生育にはあまり影響を与えない。また影響を与えても、それは、コミュニティの牛飼い全員で分担することになるため、個々の牛飼いにとっては軽微である。すなわち、牛飼いがN人いるとすれば、それぞれの影響はN分の一にしかならない。だから、牛飼いには牛を一頭増やそうというインセンティブ(誘因)が生まれる。これが限られた数であれば問題は生じないが、牛飼いが大勢いてみなが同じ行動をとってゆくとどうなるか。牧草の再生産能力の限界を超えるところで、悲劇が生じる。牧草地が荒れ果ててしまう。コミュニティの誰もがアクセスできることが、この悲劇を生む。

ハーディンは論文のこの箇所に、「コモンズにおける自由の悲劇」と小見出しをつけている。自由の悲劇とは、牧草地へのアクセスがみなにとって自由なために起こる悲劇ということである。牛の数を管理する何らかの要因がないと、この悲劇は起こってしまう。

環境の有限性

ロイドのたとえ話は一九世紀初めに作られたが、イギリスではすでにその頃から、環境の有限性と、それに対する社会的な対応の必要性が明確に認識されていた。経済学者ロバート・マルサスの『人口の原理に関する一論(人口論)』が匿名で出版されたのは一七九八年、著者名を記して第二版が出版されたのは一八〇三年である。「人口は制限されなければ幾何級数的に増加するが、生活資源は算術級数的にしか増加しない」というマルサスの有名な命題に刺激されて、このたとえ話は作られたのであろう。だが、この時代には地球全体での問題としてはとらえられず、イギリス一国内での問題と考えられていた。そして産業革命が進み、植民地政策によってイギリスの使える資源・エネルギーは拡大してゆき、有限な環境という概念は希薄になっていった。

しかし、第二次世界大戦後の一九五〇年代に始まった植民地諸国の相次ぐ独立により、様相は一変した。植民地経営という考え方は許されない時代になった。また、一九六〇年代は科学技術の発展と、その結果としての経済活動の大幅な躍進、資源とエネルギーの大量消費が進行した。廃ガス、廃水、廃棄物の量も増大してゆき、先進各国で環境問題が深刻になってきた。特にアメリカでは「黄金の六〇年代」と呼ばれたように消費が賛美され、大量生産、大量消費、大量廃棄が進行した。

ハーディンの論文はこのような時代の変化のなかで生まれた。彼の主張は、環境問題の根源は人口問題であるという考えに基づいている。つまり、人間活動の規模が食料生産力や自然の浄化能力を超えてはならない、というのだ。

たとえ話は広く知られるようになったが、彼の論文の趣旨は環境問題の解決策の方向を示すことにあった。彼は、さまざまな問題のなかには、技術的な解が存在するものと存在しないものとがあり、環境問題は後者であるとする。ではどうしたらよいか。それには、人々の意識を変えて新しい政策を選択しなければならない。意識の変革は容易ではないが、環境問題は人口増大の結果、人類の生存を支える資源・エネルギーが十分でなくなったため生じているのだから、何らかの規制が必要だと指摘する。これは、環境問題の解決には計画的、戦略的なアプローチが必要だということである。そして、意識変革のためには教育が重要だと指摘する。

アポロ11号の月面着陸

ハーディンの「コモンズの悲劇」は一九六八年一二月に発表されたが、その半年ほど後に、人類は環境問題に対する意識を変える大きなイベントに遭遇した。科学技術の発展により、地球を相対的なものとして考えるきっかけを得ることとなったのである。

一九六九年七月二〇日、アメリカの宇宙船「アポロ11号」が人類初の月面着陸を果たした。一九六一年、ケネディ大統領が六〇年代のうちに人類を月に送ると宣言して始まった壮大なアポロ計画は、まさにその最終年に目標が達成された。電波を通じて映像は世界各国に送られた。月面を始めて踏んだとき、アームストロング船長が「これは一人の人間にとっては小さな一歩だが、人類にとっては偉大な躍進だ」と述べたことなど、筆者も思い出す。強烈な印象であった。

テレビ画面を見ることによって、多くの人々が地球を外側から見るということを擬似的に体験した。当時は経済先進国が中心ではあったが、人々の頭の中に地球を外から見るというイメージが形成され、これが意識を大きく変えることとなった。

多くの人々が地球環境の有限であることを明確に認識し、環境保全行動への関心を高めていった。一九六六年にイギリスの経済学者バーバラ・ウォードが用いた「宇宙船地球号」という比喩が、まさに実感されるようになった。人類はみな、この「宇宙船地球号」に乗り合わせている運命共同体である。宇宙船という比喩は、地球は有限なものだというイメージを伝える。また、よくいわれる"Think Globally, Act Locally"(地球規模で考え、地域で行動する)という標語も、この頃から使われるようになった。具体的なアクションは一人一人にかかっているのだから、この言葉も急速に広まっていった。

人間環境宣言と『成長の限界』

世界各国で地球環境への関心が高まった結果、一九七〇年四月には初めてのアースデイ（地球の日）の催しがニューヨークをはじめ全米各地でもたれ、自然保護など環境をテーマに大規模なデモが行われた。時のニクソン政権は、この活動を支援するか否かで意見が分かれていたというが、ニクソン大統領はベトナム戦争から国民の目をそらすのにちょうどよいチャンスだと判断し、支援を決めたといわれている。

さらに、一九七二年六月にはスウェーデンのストックホルムで「国連人間環境会議（ストックホルム会議）」が開かれた。これは環境問題に関する最初の地球規模での国際会議である。ここでは「人間環境宣言」が採択された。

ストックホルム会議に合わせて、ローマ・クラブが『成長の限界』と題するレポートを発表した。このレポートは人類の将来について科学的な分析を試みた初期のものである。

ローマ・クラブは一九六八年に設立された国際NGOで、世界各国の科学者、経済学者、プランナー、教育者、経営者らで構成され、いかなるイデオロギーや国家にも偏しない発言をする。ローマで最初の会合を開いたことから、ローマ・クラブと名づけられた。

『成長の限界』において、マサチューセッツ工科大学の准教授であったデニス・メドウズらは、システムダイナミクスというコンピュータ・シミュレーション手法を用いて地球規模のモデルを作成し、地球環境の有限性を数値的に示した。データや手法自体に限界もあったが、この問題を考える具体的なきっかけを与えた。

メドウズらは『成長の限界』の続編を二〇〇四年に出版したが、三〇年前の警告が基本的に正しかったとしている。ただし現実は、当時の警告以上のペースで悪化してきた。

2　環境保全は土地利用の管理から

ハーディンもいうように、環境問題は人口問題である。有限な地球では、使える資源やエネルギーは当然限られている。われわれは人類の存在を、生態系のバランスのなかで考えなければならない。生態系の破壊は自然の破壊、そして、食料生産の破壊となる。結局、人間が自然とどう折り合い、土地をどう使ってゆくかが根本問題ということになる。すなわち、環境保全のための人間活動の管理とは、地域の資源や環境をどう使うかということであり、土地利用の管理が基本となる。

欧米では土地利用規制が厳しく、日本や多くの途上国では緩いとよくいわれる。実際、イギリスやオランダ、ドイツなどの西欧諸国はいずれも土地利用規制が厳しい。

スイスの土地利用規制

ここでは、スイスを取り上げる。スイスは、アルプスを代表とする美しい自然で知られる。山岳部の土地利用管理はどうなっているか。スイスのほぼ中央部、ユングフラウ地方に位置する、グリンデルバルトという町の例を示す(図1-1)。

図1-1　上：グリンデルバルトから見るアルプス．下：グリンデルバルトの町．

図1-1上の左奥の山は有名なアイガーである。この町は、アイガーやユングフラウへの登山口として知られる観光地である。アルプスの美しい山々が眼前に迫ってくる。また、ここからは登山電車で、標高三四五四メートルのユングフラウヨッホへ登っていける。

豊かな自然のなかでこのように機械力も活用しているが、そこには、地域の自然環境と調和して暮らすという強い意志と知恵がある。

例えば、ユングフラウヨッホへ向かう登山電車、ユングフラウ鉄道は山の表面ではなく、硬い岩盤にトンネルを掘り、その中を登っていく。このため景観への影響はない。地質上や気候上の制約から、このようなことになったわけだが、アイガー岸壁の硬い岩盤を掘り抜いてゆくことは並大抵のことではない。このユングフラウ鉄道の建設は、創始者アドルフ・ダイエールの発案で一八九六年に始まり、完成は一九一二年であった。一六年もの間、いろいろな議論もあったようである。だが、この計画ならアルプスの美しい景観を損なわないという意識が、人々の継続的な努力を可能とした一因ではないだろうか。

このような素晴らしい自然があればそれだけで魅力的だが、それ以外にも、日本の多くの観光地とはどこか違う。グリンデルバルトは、スイスのなかでも日本人に特に人気のある町だが、何がわれわれを引きつけるのだろう。図1-1下のように、この町全体が、自然と調和した地域づくりをしている。スイスは規制により土地利用密度が低く抑えられており、建物が自然に溶け込んでいる。この地区で新築する建物はみな、この地方特有のシャレー形式(羊飼いの小屋風)のデザインとなるよう規制されている。このような継続的な努力の積み重ねが、美しい景観を作り出している。

日本の土地利用

日本にも自然の美しい観光地は多いが、スイスのように自然と調和した美しい町づくりがされているところは残念ながらきわめて少ない。自然は美しいが、人工物がその場所の自然環境とマッチしていない例が多い。土地利用規制が十分に行われていないからである。日本の古くからの町並みの多くは自然と調和して美しいから、もともと自然環境とマッチしていなかったわけではない。実は戦後の経済復興のなかで、適切な土地利用規制がなされなかったことが大きい。

このことは、口絵の写真を見ていただくとよくわかる。東京とニューヨークの土地利用状況を比較した航空写真である。日米の差は一目瞭然である。東京のスプロール（無秩序な拡大）現象は深刻な状態である。

これに対して、国土の広大なアメリカはもちろん、ヨーロッパ諸国も人口密度が日本よりかなり低いので、土地利用上の制約が強くない。だから、うまくゆくのだといわれることが多い。はたして、そうだろうか。よく見てみると、事実は必ずしもそうではない。

スイスは日本と同じ山国だから平地面積は少なく、その結果、ヨーロッパのなかでは人口密度がかなり高い。山岳部も含む国土面積全体で比較しても人口密度は高く、実は北海道の二倍

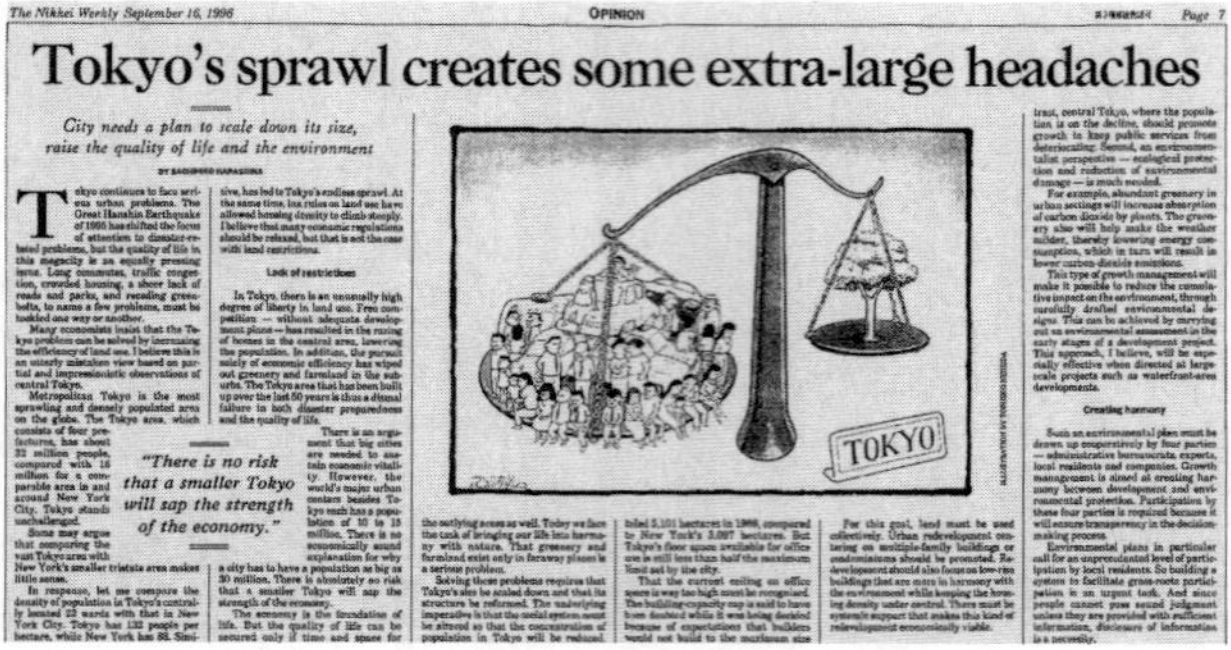
The Nikkei Weekly September 16, 1996 OPINION Page 7

Tokyo's sprawl creates some extra-large headaches

City needs a plan to scale down its size, raise the quality of life and the environment

"There is no risk that a smaller Tokyo will sap the strength of the economy."

図 1-2　環境問題解決には人間活動の管理が必要.
The Nikkei Weekly, 1996 年 9 月 16 日.

以上である。スイスの国土面積は約四万平方キロメートルで、これは北海道の半分ほどである。ここに北海道の五七〇万人より多い七一〇万人が住む。

北海道は平野もあるので、山岳部どうしで比べないとわからないという声もあろう。そこで、日本アルプスのある長野県と比較してみよう。長野県の面積はスイスの約三分の一、人口も三分の一弱の二二〇万人である。つまり、長野県はスイスと同じくらいの人口密度であり、土地利用上の制約条件は人口密度で見るかぎり、長野県とスイスの間にはほとんど差が無い。むしろ、長野県のほうがスイスよりも人口密度はやや低い。

だから、日本との違いはスペース制約の問題だけとはいえないことがわかる。大きな要因はやはり、明確な土地利用計画と、それに基づく土地利用規制があるかないかである。地域の環境を保全していくための有効な土地利用計画の有無が、この結果をもたらした。日本に比べ、スイスでは土地利用規制が格段に厳しく行われている。環境保全には計画が必須であり、スイスでは、日本よりも人間活動の管理が積極的になされている。

図1-2は、英字新聞に掲載された筆者による東京の都市構造についての論説である。一目でおわかりかと思うが、これは、東京の都市構造は、人間活動と環境のバランスが悪いと警告したものである。

この論説はもともと、『日本経済新聞』の「経済教室」欄に書いたもので、東京では土地利用密度の管理が必要なことを指摘したものだ。阪神淡路大震災の一年後、一九九六年のことである。かなりの反響があったため、日経は英語に翻訳して世界向けの媒体に転載してくれた。

3　持続可能な開発、維持可能な開発

環境アセスメントは通常の規制とは違うので制度の導入はしやすいはずだが、日本では法制化が著しく遅れ、ようやく一九九七年にアセス法が制定された。この時点でともかく法制化がなされた背景には、環境配慮に対する国際的な潮流の変化が影響している。それは、法制化に先立つ五年前、一九九二年六月にブラジルのリオデジャネイロで開かれた、環境と開発に関す

る国連会議(UNCED)における議論と国際的な合意である。

この会議には世界の一〇〇以上もの国と地域から首脳が参加し、「地球サミット」とも呼ばれた。日本はこの会議の議論を踏まえ、新たに環境政策の転換をはかるべく環境基本法を翌九三年一一月に制定した。環境基本法はリオで国際的に合意された環境政策の概念である“sustainable development”を反映している。これを基礎に、環境基本法の第二〇条において「環境影響評価の推進」がうたわれた。アセス法の制定は、この条文が根拠となっている。

「持続的発展」は誤り

sustainable development は「持続可能な開発」あるいは「持続可能な発展」と訳されることが多い。日本語では development を開発と訳す場合と発展と訳す場合があるからである。しかし、日本のような経済先進国では、今さら開発ばかりでもないだろうということで、生活の質や環境の質を高めるという意味での発展を目指す「持続可能な発展」と訳す場合が多い。一方、発展途上国の場合には、開発の重要性が高いので「持続可能な開発」とされることが多い。

環境基本法では、「持続的発展が可能な社会の構築」(第四条)という言葉が使われている。しかし、この表現は sustainable development の本来の趣旨を表わすには適切ではない。その本来の考え方は、環境は人間活動の器であり、人間活動は器としての環境が持続可能な範囲内でしか行えないということである。一方「持続的発展」というと、発展が永久に続いてゆくように思われるが、それは不可能である。有限な地球という環境制約を認識した今日、発展が際限なく持続し続けるとは考えられない。したがって、持続的発展という表現は不適切である。

また、日本の環境経済学の先達、都留重人（故人）や宮本憲一は、環境制約の範囲内でという意味を明確にするため「維持可能な発展」と訳したほうが適切であると主張してきた。こう表現すれば、環境が維持可能な範囲内での発展ということが明示されるからである。

環境を人間活動の制約条件と明確に認識するという理念からは、筆者はむしろ、「維持可能な発展」という表現がふさわしいと考える。本書では、通常使われている「持続可能な発展（開発）」という表現を使うが、「維持可能な発展」という表現の背後にある考え方は重要である。

前の節で述べたように、人間活動の管理の基本は土地利用の管理である。そして、土地の開発に関しては、開発行為による地域や都市の成長を管理する、成長管理（growth management）という考え方が重要であり、それは持続可能性（sustainability）の概念につながる。

三つの持続可能性

持続可能な開発に関連して、持続可能性という表現もある。その意味に関しては多様な議論がなされてきたが、現在では、環境、経済、社会の三つの面の持続可能性があると整理されている。これら三つは並列して考えるべきだという見方もあるが、そうだろうか。筆者は、これらの間には優先順位があると考える。

三つのうち、最優先されるべきものが、環境の持続可能性である。環境の持続可能性が保たれて、はじめて経済の持続可能性が保たれる。環境と経済の両者の持続可能性が保たれて、はじめて人間社会の持続可能性が真に保たれると、筆者は見ている。つまり、環境の持続可能性は人間社会の持続可能性を保つための必要条件である。

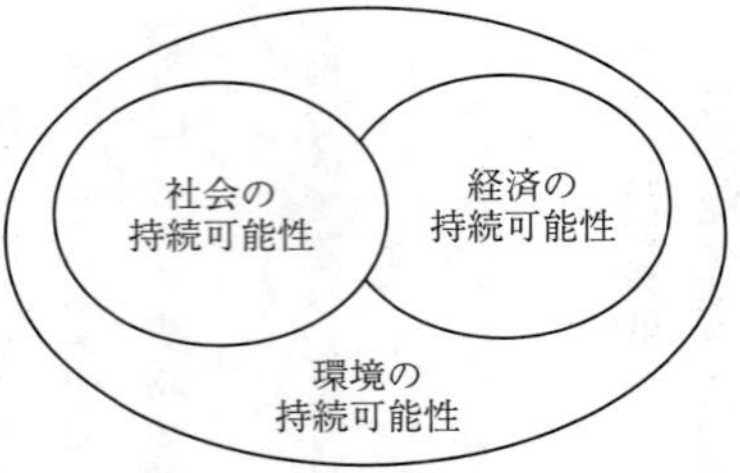

図 1-3　3 つの持続可能性.

いや、逆に社会と環境の持続可能性が保たれてこそ、経済も持続可能になるという見方もあろうが、これは目的と前提を取り違えている。

筆者は図 1-3 のように整理している。環境の持続可能性が最優先である。環境は人間活動の器であり、人間活動は器としての環境が持続可能な範囲内でしか行えないからである。実際、途上国では自然環境の破壊が、一次産業を生業とする彼らの生活の基盤を損ない、経済的な持続可能性を奪ってしまっている。経済が駄目になると地域コミュニティも崩壊し、社会的な持続可能性が奪われる。環境の持続可能性を保つことが、経済の持続可能性を保持し、これら両面が社会の持続可能性を支えているのである。

このことは、先進国においてもいえる。二次産業は環境の影響をあまり受けないように見えるが、ハイテク産業の工場立地ではどうだろう。清浄な空気が求められクリーンルームが用意されるが、大気汚染のひどいところでは大気の浄化にコストがかかりすぎる。工業用水についても、清浄な水が豊富なほうが有利である。このような資源・エネルギーの調達、さらに研究開発などで必要な優秀な人材の調達を考えると、環境の質の高さは重要である。

三次産業でも商業活動を考えると、魅力的な商業地区は環境の質が高く、多くの人を引きつけていることがわかる。例えば、東京の原宿の魅力は、表参道の素晴らしいケヤキ並木と切り離せないだろう。近くには神宮の奥深い森もある。

また、観光産業においては、環境の質は決定的な要素である。スイスや長野のような自然の豊かな地は多くの人を引きつける。京都や奈良、鎌倉、あるいは地方の歴史的環境の豊かな地区も同様である。総合的な環境の質が高いことが多くの人々を引きつけ、経済的な繁栄をもたらしている。

以上のように、環境の持続可能性が基本で、そのうえで高い付加価値を生む経済活動が行われ、その結果、社会の持続可能性が保たれるのである。

4　環境アセスメントの誕生

アポロ11号が人類初の月面着陸を果たした一九六九年は、環境政策上きわめて重要な法案がアメリカ連邦議会を通過した年でもある。この一二月、国家環境政策法(National Environmental Policy Act, 略してＮＥＰＡ)が成立した。翌七〇年一月一日、ニクソン大統領が署名して発効した。アメリカの環境アセスメントはこのＮＥＰＡに基づき行われるようになった。

ＮＥＰＡは、連邦政府による意思決定が環境に与える影響を未然に防止するために制定された法律である。連邦政府の関与する意思決定全般が対象だから、政策の選択や予算案の編成、条約の批准、総合計画、マスタープラン、個別の開発事業など多岐にわたるものが対象となりうる。だが、実際は政策などは除かれ、具体的な計画やプログラム、各種事業などが主な対象となった。ここで大切なのは、ＮＥＰＡでは単に環境汚染防止だけでなく、環境の総合的な質の向上を目指して意思決定を行うことを求めている点である。

環境の質

ＮＥＰＡにおいて、「環境の質(environmental quality)」という概念が明示されている。ＮＥＰ

Aの目的は第二条に記載されているが、そこには四つの項目が示されている。

本法の目的は、人間と環境との間の生産的で快適な調和を助長する国家政策を宣言すること、環境と生物圏に対する損害を防止または除去し、人間の健康と福祉を増進するための努力を促進すること、国家にとって重要な生態系と天然資源についての理解を深めること、そして、環境諮問委員会を設置することである。

二つめの、「環境と生物圏に対する損害を防止または除去し、人間の健康と福祉を増進する」の部分で、環境を環境汚染にとどめず、生物圏とともに総体としてとらえている。また、人間活動による環境への影響は土地利用により生まれるという認識である。したがって、適切な土地利用により環境の質全体を向上させることが、人間の健康と福祉を増進すると考えている。

その推進機関として環境諮問委員会(CEQ)の設置が規定され、具体的手段として環境アセスメントが発明された。

環境アセスメントは、英語ではEnvironmental Impact Assessment(EIA)と表現される。すなわち、人間行為が環境に与える影響(impact)を事前に予測・評価して、環境と調和した行為となるような意思決定を支援するものである。このように、環境制約のもとで判断するという持続可能な発展の理念が、すでにNEPAに表われている。目的の第一に示された「人間と環境との間の生産的で快適な調和を助長する国家政策を宣言する」の部分である。

そして、これに加えて、将来世代に対する現世代の責務という概念も記されている（第一〇一条の(b)、責務内容の一番目）。

以上のことから、環境アセスメントは本来、持続可能な開発のための手段として生まれたことがわかる。

NEPAに至る道

二〇一〇年一〇月に愛知県名古屋市で生物多様性条約第一〇回締約国会議（COP10）が開かれたが、ここでも、自然環境の保全には土地開発の問題が大きいことが議論された。日本では、土地利用の適切な管理が環境保全の基本だという社会的な認識は、ようやく生まれつつある段階である。この考え方が今から四〇年以上も前にアメリカの環境政策の基本を示すNEPAに明記されることになったのはなぜだろう。そこにはアメリカにおける環境保全の長い取組みがあった。この歴史がアメリカと日本の違いを生んだ。

そこで、歴史的な背景を見ておこう。二〇世紀半ばまでは、アメリカで環境といえば自然保護が中心であった。その頃、日本で公害として社会問題化した環境汚染に重点が置かれていたのとは様相が違う。

アメリカの自然保護

アメリカの環境保全活動は、自然保護運動から始まった。これは、アメリカが東海岸からフロンティアをしだいに西へと移していった歴史と関係が深い。

アメリカでも一九世紀初め頃までは、自然保護に関心が高かったとはいえない。例えば、一七世紀に清教徒が入植した古都ボストンは、ショーマット半島という小さな半島部の側から町づくりが始まったが、当時、周囲は広大な浅瀬で、この湿地を埋め立てて町は大きくなった。最初に埋め立てた部分は大西洋から見て裏側の浅瀬、バックベイ(裏にある湾)という地区で、ショーマット半島にあった山を削って埋め立て、パリ風の整然とした街並みをつくった。バックベイという地名は今も残されている。

アメリカでも、このような自然破壊の歴史があるが、開発の進行とともにしだいに人々の考えが変わっていった。

東海岸の豊かな自然を背景に、人間社会の各種の束縛を乗り越える、超絶主義を唱えたR・エマソンが『自然論』を出版したのが一八三六年である。そして、ヘンリー・D・ソローが、ボストン近郊のコンコードにあるウォールデン沼のほとりで、自ら建てた小屋で二年間すごした経験を記録した『森の生活』を出版したのが一八五四年。この本は、自然生活の魅力を紹介するとともに文明社会に痛烈な批判を加えている。しだいに自然保護運動が活発になり、世界初の国立公園であるイエローストーン国立公園が一八七二年にできた。カリフォルニア州では、最初の自然公園としてヨセミテ州立公園が一八六四年にできている。

アメリカでは、このようにNEPA成立の一〇〇年ほど前から、自然保護の思想と運動は着実に蓄積されてきた。大きな流れとして、自然保護運動がまず起こり、そののち、より広く環境保護の方向へと拡大していった。とりわけ、この自然保護運動では市民運動の力が大きかったが、これはアメリカの民主主義の歴史とも深くかかわっている。

なお、アメリカでは、公衆衛生の問題は特に水質に関して関心が高かった。これも、新天地アメリカの特徴である。フロンティアを切り開いていくとき、まず直面する問題は水なので、上水の水質への関する関心は国民の間で常に高かった。一九世紀末、フロンティアの消滅した頃には、すでに水質汚濁防止プログラムが実施されていたほどである。

レイチェル・カーソンの『沈黙の春』

人間と環境との関係を考えるとき、レイチェル・カーソンの名前は忘れることができない。一九六二年に彼女は有名な『沈黙の春(Silent Spring)』を出版し、アメリカ社会に衝撃を与えた。

この本は発売と同時に大きな反響を呼び、半年間で五〇万部を売るという、当時としては異例の爆発的な売れ行きを示した。

カーソンはこの本で、殺虫剤や除草剤などの農薬による環境汚染の問題を指摘し、健康影響とともに生態系への影響に警告を発した。日本で環境問題といえば、まず健康影響に目がゆくが、生物学者であるカーソンは生態系への影響を深刻に受け止めた。彼女はこの本のまえがきで、一九五八年一月頃、ある女性からの手紙に、その女性が大切にしていた小さな自然の世界から、生命という生命が姿を消してしまったと書かれていたとしている。そして、カーソンは明日のための寓話として、鳥も鳴かない「沈黙の春」が訪れた町を描写している。彼女は人間活動による将来世代への影響を懸念した。

この本に対し、当初は農商務省や化学産業界から大反論が巻き起こり、激しい論戦が展開された。その年の夏は、沈黙の春から騒がしい夏(from silent spring to noisy summer)になったといわれたほどである。しかし、彼女がガンを患いながらも、四年にわたってアシスタントとともに収集したデータは正確であった。時のケネディ大統領はこの著作に深く感銘し、一九六二年八月の記者会見でこの書に言及し、科学顧問に農薬問題を調査するよう命じた。大統領科学諮問委員会に特別調査委員会が設置され、翌六三年五月に同委員会は「農薬の使用」という報告書を出版し、カーソンの主張が正しいことを証明した。

化学産業会のすさまじい反論は影を潜め、その後、アメリカ政府は、農薬などの化学物質に対する策を講じるようになった。科学技術の発展による新たな発明は、利便性とともに、負の影響ももたらしうる。その負の面に対しては人間活動の管理が必要となる。カーソンは一九六四年に亡くなったが、彼女の警告は世界中に伝えられていった。

内陸部の生態系破壊と海洋汚染

『沈黙の春』は、人間活動が生態系に及ぼす影響は、単に土地の改変だけでなく、人類が生み出す新たな化学物質という、科学技術の成果によっても生じうることを明らかにした。この本は、一九世紀の半ばにソローが、ウォールデン沼のほとりで思索した現代文明のあり方を、一〇〇年を超す時を経て、人々があらためて問い直すきっかけを与えたといえる。

当時、人為的な活動による自然破壊がアメリカの陸海双方で生じていた。例えば、一九六〇年代の半ばには五大湖の一つ、エリー湖で富栄養化の問題が生じたため、バリー・コモナーが *Closing Circle* を出版して生態系汚染の問題をアメリカ社会に提起している。エリー湖は、デトロイトやトレドなどの工業地帯からの有機物を多量に含む排水の捨て場として長い間使われてきた。その結果、エリー湖の漁獲量は二〇世紀初めから減少し続け、一九六〇年代には激減していた。その原因として富栄養化現象があることが、すでに一九五〇年代初期には科学的に確認されていたのである。

一九六五年には、アリゾナ州グランドキャニオンのダム建設問題が注目を浴びた。ダムによる利便性をとるか、自然生態系への負の影響を重視するかの問題が提起された。そして、現在ではダムを撤去する方向にまで進んでいる。

一九六九年には、カリフォルニア州サンタバーバラ海岸沖の海底油田での石油流出事故による大規模な海洋汚染が発生した。このような、石油による海洋汚染は現在まで、たびたび起こってきた。

こうした背景から、アメリカで持続可能な開発という概念が生まれた。「人間と環境との間の生産的で快適な調和」を求める考え方である。この理念は、連邦議会におけるNEPA法制化の過程でいくつもの議論を積み重ねた結果、まとめられたものである。

5　日本における環境理念の変化

「持続可能な開発」の理念とは、人間と環境との間の調和を保つため、人間活動を管理するということである。日本におけるこの理念の共有は欧米よりも遅れたが、花鳥風月を愛でる日本文化の伝統を考えると、これは奇異なことである。「人間と環境との間の調和」は本来、自然との共生を追求してきた日本文化の伝統のはずだが、少なくとも戦後の半世紀以上の間は、この伝統的なライフスタイルから乖離してきた。

戦後の日本の環境政策は、急速な工業化の進展のなかで生じた公害という激甚な環境汚染への対応として始まった。自然保護は貴重な動植物の保護が中心で、生態系保全という概念に乏しかった。だが、しだいに持続可能な開発の理念が共有されるようになってきた。

公害対策と環境庁の発足

経済優先の思想が特に強かった一九五〇年代以降、水俣病、新潟水俣病、イタイイタイ病、四日市ぜんそくの四大公害事件が発生した。これらはいずれも一九六〇年代に大きな社会問題となったが容易には解決に至らず、いずれも裁判で企業の責任が問われた。一九六〇年代の日本の環境行政は、公害防止を目指し、大気や水質、騒音などの公害関連項目に環境基準を設定する規制行政であった。その根拠を与える公害対策基本法は、環境庁の設置より前の一九六七年に制定されている。

日本が世界の経済大国として自他ともに認識されるようになり、また、世界中で環境問題への関心が高まるなか、日本でも、環境政策の新しい展開があった。初のアースデイがアメリカでもたれたのは一九七〇年だが、その年末、日本でもいわゆる公害国会が開かれ、公害・環境関連の一四法案が国会を通過している。これに基づき一九七一年には環境庁が発足し、公害の未然防止も強く求められるようになった。

自然保護の動き

特に優れた自然風景地に関しては、すでに戦前の一九三一年に国立公園法が制定され、国立公園としての保護がなされてきた。戦後はさらに、国定公園制度や都道府県立自然公園制度が設けられてきた。一九五七年にはこれらが整理されて自然公園法が制定された。

また、貴重な野生動物の保護については、一九五〇年に鳥獣保護区制度が導入され、一九六三年の改正により現在の鳥獣保護法が制定された。

尾瀬や上高地のような貴重な自然環境は手厚く保護されてきた。その後、自然保護運動はさらに、原生の自然を守る運動へと拡大していった。例えば鹿児島県屋久島では、一九八〇年代に住民の運動により屋久杉原生林の保全がはかられ、一九九三年の世界遺産登録に続いた。

一九七二年に自然環境保全法が成立したことにより、国の自然環境保全についての基本方針が定められた。自然環境保全基礎調査(緑の国勢調査)が定期的に行われ、優れた自然の存在が明らかになってきた。このように、自然環境保全法で生態系保全の理念は示されたものの、実際の運用では、貴重な自然環境を中心に保全がなされ、環境汚染対策と同様に規制的な手段がとられた。

しかし、生態系保全のためには明確な土地利用計画と実効性のある土地利用規制が必要である。例えば、自然環境保全法の定める原生自然環境保全地域は規制が厳しいが、全国でわずか五地域、計五六平方キロメートルにすぎない。このような特定地域の規制だけではなく、より広範な地域を対象とする面的で、計画的なアプローチが求められる。

また、工業化の進展とともに都市化が急速に進み、都市外縁部の無秩序な開発により都市近郊の農地は減少し、身近な自然が破壊されていった。一九六〇年代の高度成長期にこのような自然破壊が特に進んだが、自然環境保全法の制定当時は、干潟や里山などの身近な自然が保全対象となることはまれであった。

環境基本法と環境基本計画

一九七〇年代後半から、環境を総合的にとらえる新たな考え方も生まれてきた。ＯＥＣＤが一九七六～七七年に日本の環境政策をレビューし、アメニティの重要性を指摘したことが契機となった。

ＯＥＣＤの調査団は「日本は公害という激甚な環境汚染の防除には成功したが、アメニティの創造には成功していない」と指摘した。

アメニティとは、個々の地域における総体としての環境の良さをさす。そこで、汚染防止だけでなく総合的な環境の質の向上を目指して、各地方自治体で地域環境管理計画が作られ始めた。環境の質に着目したという点では一歩前進であり、この意図は持続可能性を考える方向にむかったものともいえる。だが、地域環境管理計画には法的な規制力はなく、また実質的な施策は環境行政の関与する部分だけに限定されたため、実効性の低いものであった。

環境管理計画が法的根拠をもつには、一九九三年一一月の環境基本法の制定を待たなければならなかった。この法律の制定もすんなりとはゆかなかったが、九二年のリオの地球サミットが後押しをした。

環境基本法に基づき、一九九四年に国の環境基本計画が策定された。これは国の環境政策の基本を規定するもので、環境庁(省)という枠にとどまるものではなく、省庁横断的なものである。その後、二〇〇〇年に第二次環境基本計画、二〇〇六年に第三次環境基本計画が策定され、二〇一〇年に至っている。

環境基本法の制定と前後して、地方自治体レベルでも各地で環境基本条例が制定され、それらに基づき自治体の環境基本計画も策定されるようになってきた。それ以来、二〇年近くを経て、自治体の環境基本計画も先進的な地域では改訂を重ねている。この間にしだいに、日本でも、持続化可能な発展の理念の理解は深まってきた。

環境アセスメントへの流れ

前述の通り、環境基本法では「持続的発展が可能な社会の構築」と表現されているため、環境制約を明確に認識し、そのもとでの発展を考えるという持続可能性の本来の趣旨からは距離がある。とはいえ、以下の三点において環境政策の理念の転換がなされた。

(1) 国内だけでなく国際的にも、環境問題解決への積極的な貢献。
(2) 現在世代だけなく将来世代へも配慮。
(3) 人間は生態系の一要素であるという認識。

この理念を実現するためには、人間活動を、環境制約を明確に認識して管理してゆかなければならない。従来の排ガス規制や排水規制のように、人間活動の規模は与えられたものとしておき、その結果出てくる環境負荷だけを削減するという、末端で対応する方法だけでは不十分である。それに加えて、環境負荷の原因となる人間活動自体も管理するという考え方が必要である。

国の環境基本計画では、原因となる人間活動まで遡及する対策を講じることができるよう、省庁横断的な総合的な取組みがなされることとなり、多様な政策手段が講じられる。これらは次の三つに大別することができる。

（1）規制的手段。従来の公害規制のような環境基準や排出基準による規制、あるいは生物保護のための土地利用規制などの法的な規制。

（2）経済的手段。環境によい活動には経済的インセンティブを与え、悪い活動にはディスインセンティブを与える（ブレーキがかかるようにする）。前者には税の優遇措置や補助金など、後者には環境税などがある。直接規制ではないが、これを行うためには法的な枠組みが必要であることから、枠組み規制という。

（3）情報的手段。（2）と同様に枠組み規制によるが、経済的動機づけではなく、社会的評価による動機づけを行う。このため、活動の情報公開と公衆参加を基礎とする方法で、これには、環境アセスメントやＰＲＴＲ（環境汚染物質の排出・移動登録制度）がある。

公共や民間の大規模事業のような、環境に大きな影響があると思われる人間活動の実施にあたっては、十分な環境配慮を行うことも環境基本法では定めた。すなわち、第二〇条で、このための手段として環境影響評価の推進を規定した。これが根拠となり、情報的手段の一つとして、あらためて環境アセスメントの法制化の準備が行われた。

アセスメントは持続可能な開発の手段

持続可能な開発（ないし持続可能な発展）とは、人間活動の器としての環境が持続可能な範囲内での開発(ないし発展)ということである。環境アセスメントがそのための主要な手段であることは、一九九二年のリオデジャネイロ宣言に明示された。また、このための行動計画として合意されたアジェンダ21の第八章でも「政府のあらゆる段階の意思決定において環境配慮を行うこと、その過程での国民の関与」が規定された。

環境アセスメントは、開発行為などの意思決定の前に、事業者が環境配慮のための対策を社会に公表することで、自主的に環境配慮を行うものである。このための文書を、環境影響評価書、あるいは単に「評価書」という。そして、その説明責任を果たすには、環境に配慮したさまざまな案を比較検討して、最適なものを選択しなければならない。これらの案を、「代替案」と呼ぶ。

最適案の選択には評価が必要である。この評価の適切性が問われるが、そのために大切なのは、環境配慮への公衆の関与である。地域でみれば住民が関与すること、すなわち住民参加が必要条件である。持続可能な発展を実現するためには、住民参加が十分に行われなければならない。

なぜ住民参加が必要か。環境価値には、専門家の判断に依存できる部分と、地域住民の判断が尊重されるべき部分とがあるからである。生命や健康にかかわる大気や水などの環境汚染や生態系価値の判断に関しては科学的知見が必要で、専門家の役割が重要である。だが、人々の精神面や快適性にかかわる、景観や身近な自然との触れ合い、さらには歴史的文化的価値のような、個々の地域によって判断が異なる領域では、専門家の判断だけでなく地域住民の判断も尊重されるべきである。したがって、環境の価値判断には、専門家だけでなく地域住民の参加が不可欠なのである。

その結果、事業者は多様な代替案のなかから最適案を選択する。ここでその意思決定がどれだけ透明性を高く行われるかが、環境アセスメントの成否を決するといっても過言ではない。持続可能な発展とは、環境と開発のバランスをどう取るかということであり、環境制約についての判断は地域住民と専門家、それぞれの意見が重要な意味をもつ。

一九九七年にアセス法が成立した。アセス法は二年間の準備期間を経て一九九九年から全面施行された。アセス法の施行後一〇年以上を経たが、日本の環境アセスメントの現状は、あるべき姿からは遠い。次章では、日本の環境アセスメントの歴史と現状を概観する。

第2章　日本の環境アセスメント

日本の環境アセスメント制度導入の端緒は悪くはなかった。一九七二年六月にアセスメント制度導入の閣議了解をしたが、アメリカの国家環境政策法(NEPA)の発効が一九七〇年一月だから、スタート自体はかなり早かったといえる。

早い時点でアセスメント制度の導入を決めた背景には、四つの要因をあげることができる。第一は一九六〇年代に顕著となった公害問題への対処が必要になったこと、第二はその過程で生じた住民運動のうねりである。この流れのなか、四日市公害訴訟の判決で企業の責任が問われたことが第三の要因である。以上の内発的な要因に加え、アメリカでNEPAに基づくアセスメント制度が始まったことが後押しした。

だが、その後の展開ははかばかしくなく、一九九七年に環境影響評価法(アセス法)が制定されるまでには四半世紀もの時間を要した(表2-1)。その見直し時期を迎え、二〇一〇年三月に、アセス法の改正案が国会に提出された。この新しい段階にあたり、よりよいアセスメント制度をつくるために、これまでの経緯と現状を振り返っておきたい。

表 2-1　日本の環境アセスメント関連年表

1956	水俣病患者を公式に認定
1962	レイチェル・カーソン『沈黙の春』出版
1964	三島・沼津の石油化学コンビナート計画反対運動
1967	公害対策基本法制定
1969	NEPA(国家環境政策法)制定(アメリカ)
1970	“公害国会”
1971	環境庁発足
1972	アセスメント制度導入の閣議了解／ストックホルムで国連人間環境会議／自然環境保全法制定／四日市公害訴訟判決で企業の責任が問われる
1976	環境庁，むつ小川原総合開発計画へのアセスメント指針を指示 川崎市，全国初のアセスメント条例制定 環境庁が環境影響評価法案(旧法案)の提出を試みるが失敗
1980	神奈川県，東京都，アセスメント条例制定
1981	環境影響評価法案，6 度目の提出で国会審議へ
1983	環境影響評価法案廃案
1984	閣議決定に基づくアセスメント要綱(閣議アセスメント)
1985	EU が事業アセスメント指令
1992	リオで国連環境開発会議(地球サミット)
1993	環境基本法制定
1994	第 1 次環境基本計画策定
1997	環境影響評価法制定
1999	環境影響評価法全面施行／情報公開法制定
2000	47 都道府県のすべてでアセスメント条例が制定される
2002	埼玉県で全国初の戦略的環境アセスメント(SEA)要綱を制定・施行 国際協力銀行(JBIC)，環境ガイドライン制定(施行は 2003 年)
2004	国際協力機構(JICA)，環境社会配慮ガイドラインの大幅改訂 EU の SEA 指令施行
2006	第 3 次環境基本計画策定(SEA の推進を明記)
2007	環境省，SEA 共通ガイドライン制定
2008	日本貿易振興機構(JETRO)，環境社会配慮ガイドライン制定・施行 新 JICA 発足(JBIC の円借款部門と統合) 生物多様性基本法の制定(SEA の実施を規定)
2009	公文書管理法制定
2010	新 JICA，環境社会配慮ガイドライン制定・施行 環境影響評価法の改正案を国会に提出

1　制度化への第一歩

公害問題の噴出

アセスメント制度導入の第一の要因は、各地で公害問題が噴出したことである。戦後は経済復興のため高度経済成長政策がとられ、急速な工業化の進展のなか、水俣病、新潟水俣病、イタイイタイ病、四日市ぜんそくの四大公害事件に代表される、深刻な環境汚染が進んだ。特に、激甚な大気汚染によるぜんそく患者を多数生んだ四日市市の石油化学コンビナートの事例は、健康被害の問題を全国に知らしめた。その結果、各地で公害反対運動が起こり、大規模工場の建設や工業団地開発においては、公害の事前調査が求められるようになった。

危機的な環境汚染に対応するため、一九六〇年代後半から公害行政がスタートした。また、事業者の内部でも公害対策を事前に行う試みがなかったわけではない。当時の全国総合開発計画では、開発効果の高いものから順に集中的に行う拠点開発方式による産業の推進方策がとられ、このために、産業公害総合事前調査が実施されるようになった。発電所についても、公害の事前調査が行われるようになった。

これらの公害事前調査を環境アセスメントの始まりとする見方もあるが、これらは情報公開と住民参加というアセスメントの基本要件を満たしておらず、環境アセスメントの始まりと見るのには無理がある。公害事前調査の目的は、行政内部の判断や行政指導の資料を作ることにあった。調査・予測の結果はそのために使われたが、プロセスの不透明性は否めない。だが、その透明性を確保するきっかけとなった事件が、左記の三島・沼津における紛争である。

三島・沼津の石油化学コンビナート計画反対運動

日本では、公害・環境施策の多くが、住民運動が発端となって講ぜられるようになった。環境アセスメントにおいても然りであり、これが第二の要因である。一九六〇年代に起こった三島・沼津両市の石油化学コンビナート計画反対運動は、それ自体はアセスメントとはいえないが、環境調査の重要性を社会が認識する契機となったできごとである。ジャーナリスト川名英之の報告に基づき、この事例を紹介する。

このコンビナート計画は、一九六三年の末に静岡県により発表された。県は、コンビナートを誘致するために三島・沼津両市と清水町の合併も提案していた(図2-1)。しかし、当時は各地で公害問題が深刻になっており、地元の住民たちは四日市に赴きその公害の実態を調査して、この計画に強く反対した。さらに、漁民など他の地域住民も反対運動を繰り広げ、一九六四年にはその活動はいっそう活発になった。

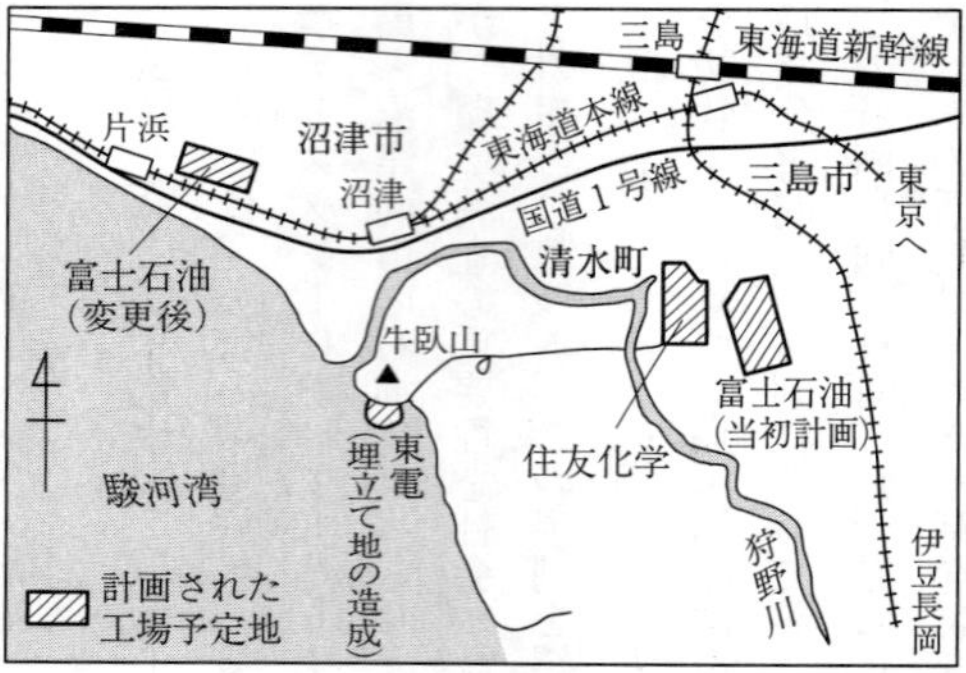

図 2-1　三島・沼津石油化学コンビナート計画の対象地域．川名英之『ドキュメント 日本の公害』第1巻(緑風出版(1987))より．

そこで、県は当時の通産省に対し、産業公害の事前調査を行うよう求めた。四日市公害特別調査会の会長を務めた黒川真武氏を団長とする黒川調査団と呼ばれるチームにより、一九六四年に事前調査が行われた。調査団は五月に現地調査を行い、七月末に報告書をまとめた。随分と短期間での調査だが、立地にともなう公害被害は防止できるものと報告した。報告書は住民の公害問題に対する認識の不足と、自治体不信が開発を遅らせているという見方で書かれていた。

　これに対し地域住民は、三島市の国立遺伝学研究所の松村清二博士を中心に、地元の沼津工業高校の理科の教師や医師らが協力して松村調査団を組織し、独自の調査を行った。その結果から、黒川調査団の結論が公害に対しあまりにも楽観的であるとして、これを批判した。

　八月、東京の虎ノ門で、両調査団の討論会がもたれた。ところが、黒川調査団の行った各種の実験・調査にあいまいさが見られ、データの計算・処理でも不適当、不正確な面が見出され、住民側の質問にも答えられないことが多かった。そのため、地域住民は調査団の結論に納得しなかった。この過程で地域住民は各地で学習会を開き、問題への理解を深めていき、住民の反対運動は大がかりなデモ行動をともなうまでになった。このような反対運動の高まりの結果、コンビナート計画は中止となった。一九六四年一〇月のことである。

この一連の動きを振り返ってみると、地域住民が立ち上がり、科学的な情報を得て、コンビナート計画を白紙撤回させたことになる。国と県が強力に推進する地域開発計画を、住民の環境配慮の意志が拒んだ。このプロセスは現在のアセスメントの概念にはなじまないが、科学性があり住民参加の側面もあった。本事例は日本のアセスメントの原点といえよう。

公害訴訟の判決

第三に、公害訴訟である。四大公害事件の裁判が一九六〇年代後半に始まり、一九七一年以降順次、判決が出され、いずれも原告・被害者側が勝訴した。企業の責任が明らかにされたわけだが、とりわけ、四日市公害訴訟の判決が大きな影響を与えた。この判決は一九七二年七月二四日に津地裁四日市支部で出された。米本清裁判長は判決理由のなかで、「立地上の過失」については以下のように述べている。

硫黄酸化物などの大気汚染物質を副生することの避け難い被告ら企業が、新たに工場を建設し稼動を開始しようとするとき、（中略）右汚染の結果が付近の住民の生命・身体に対する侵害という重大な結果をもたらすおそれがあるのであるから、そのようなことのないように事前に排出物質の性質と量、排出施設と居住地域の位置・距離関係、風向、風速等の気象条件等を総合的に調査研究し、付近住民の生命・身体に危害を及ぼすことのないように立地すべき注意義務がある。

この判決理由では、事前に環境に与える影響を総合的に調査研究し、その結果を判断して立地する注意義務がある旨が述べられ、その欠如をもって被告企業の「立地上の過失」があるとした。これは、環境影響評価の必要性を判例上明確にするものと位置づけられた。こうしてアセスメント制度整備の機運が高まったが、逆に産業界や行政の間ではアセスメントに対する警戒心が強まることにもなった。

NEPAの後押し

以上の三つが日本における内発的な要因だが、これに加えて具体的な制度が海外で始まったことが後押しをした。一九七〇年一月一日から施行されたアメリカのNEPAによるアセスメント制度である(第1章4節)。

一九七〇年は最初のアースデイがもたれた年で、世界的な環境保全運動の盛り上がりは日本にも波及した。その年末にはいわゆる公害国会が開かれ、公害・環境関連の一四の法律が制定ないし改正された。環境行政の本格的な取組みが始まった。環境庁は一九七一年に設立されたが、当初からアセスメント制度の確立を重要な課題としていた。

ストックホルムでの大石演説

これら諸点が背景となり、政府は一九七二年六月のストックホルムにおける国連人間環境会議に合わせ、「各種公共事業に係る環境保全対策について」の閣議了解を行い、アセスメント制度導入の取組みが始まった。ストックホルムで大石武一環境庁長官は次のような演説をしている。

私は公共事業の計画策定にあたり環境アセスメントの手法をとり入れる所存であります。その事業の環境に及ぼす影響について事前に十分な調査検討を行わせ、必要と認めるときは環境庁が環境保全の措置を勧告するものであります。近い将来にはこの環境アセスメントをさらに国土開発、観光開発などの事業にも広く応用いたしたいと考えております。

大石長官は、水俣病のような悲劇を未然に防ぐために、日本が環境アセスメント制度を確立し、これをさらに発展させていくのだという意志を世界に表明したのである。

閣議了解に基づき、さっそく政府内での準備が始まった。一九七一年に誕生したばかりの環境庁にとって重要な施策だったが、アセスメントの制度化は順調には進まなかった。当初の制度化は各省がそれぞれ独自に行う行政指導によるもので第三者性がなく、効果が期待できないものであった。しかも、施設供用時のみを対象とし、工事中は対象外という消極的なものである。

個別省庁のアセスメント

人間活動の管理は、持続可能な開発のためにはやむをえないことだが、成長至上主義の立場からは受け入れがたい。実際、通産省や建設省、運輸省などの大規模事業を所管する官庁はこれを嫌い、個別にアセスメントを行うことを考えたため、統一的な法制度の構築は遅れた。個別の制度であっても、情報公開と住民参加が十分に行われ透明性の高い仕組みであればよいのだが、事業所管省庁の権限を守ることを第一義に制度化が進められたため、そうはならなかった。それぞれの事業所管省庁が、事業を推進するための免罪符としてアセスメントを利用していると批判されるようなものになってしまった。ここに縦割り行政の弊害が現われている。

まず、一九七三年には運輸省が港湾法を改正し、港湾計画の策定において環境配慮を行うこととしたが、これは住民参加の規定がなかったためアセスメントとはいえないものであった。また、同年、公有水面埋立法（運輸省・建設省）の改正で、公有水面（河川、沿岸海域、湖沼など）埋立ての免許を受ける際にアセスメントを実施することにした。通産省も工場立地法の一部改正を行い、工場立地時のアセスメントを定めた。

そして、公共事業に関するアセスメントを行政指導により行うよう、順次、仕組みが作られた。建設省は一九七八年に、所管する公共事業を対象としたアセスメントについて事務次官通達を出し、運輸省は一九七九年に整備五新幹線に関するアセスメントの大臣通達を出した。民間事業に対しても、通産省は一九七七年の省議決定で、発電所の立地に関するアセスメントの強化を行うとし、七九年にはアセスメント要綱を定めて具体的な行政指導を行うこととした。これが発電所の省議アセスメントである。

このように個別法等によるアセスメントの制度化は進んだが、統一的な制度ではないため手続き間の整合性をとりがたいとか、環境庁の関与が弱く十分な環境配慮ができないなどの欠点があった。環境アセスメントでは、事業者は最終的に「評価書」という文書を公表することで環境配慮の内容を明らかにする。これらの制度では、いずれも評価書のドラフトである準備書が最初に公表される文書となっていた。準備書はアセスメント調査が終わってから公表されるものなので、肝心のアセスメント調査自体をどのようにするかに関しては、住民は意見を出せない仕組みであった。

自治体での制度化

国としての統一的制度ができあがらず、大規模事業ごとに省庁縦割り的な制度が個別に作られていくなかで、地方自治体でも制度化がはかられた。環境問題が深刻な地域を中心に、先進的な自治体で制度化が行われた。一九七六年には全国で初のアセスメント条例が川崎市で作られた。次いで、一九七八年に北海道、一九八〇年に神奈川県と東京都で条例化が行われた。しかし、条例化はこの後あまり進まず、一九九七年にアセス法が成立するまでは、規制力のない要綱が主体であった。

これらの制度はいずれも、事業実施の直前に行われる事業アセスメントである。そのなかで、条例化を行った川崎市や神奈川県、東京都などの制度や、要綱を定めた名古屋市の制度などは、公聴会の規定があるなど先進的な部分が見られた。いずれも国の個別法等で作られた制度よりは住民参加が積極的に行われており、情報公開をより進めたものになっていた。

例えば、川崎市の制度では、まず、評価書のドラフトである「報告書」を公表し住民意見を求め、これに応えて修正報告書を作る(用語は他の自治体の制度とは異なる)。この過程で説明会だけでなく公聴会も開き、「見解書」も公表し、行政の審査に対し助言する審査会が設置されるなど、国の制度より積極的な住民参加や専門家の関与がなされる仕組みとした。また、神奈川県の制度ではこれらに加え、準備書に対し二度の意見書提出機会が与えられ、住民意見のフィードバックがさらに丁寧に行われていた。東京都の制度も公聴会、見解書、審査会(東京都では審議会と称する)のある同様の仕組みとなっており、さらに、事後調査制度がすでに定められていた。

自治体の制度は、後述する閣議アセスメントが作られる一九八四年以前には、四七都道府県および一二政令指定都市の計五九自治体のうち、三分の一ほどの二〇自治体にあった。そのうち、条例は上記の四つのみ、要綱は一六であった。当時の日本では、まだアセスメントは定着していなかったともいえる。しかし、だからといって、法制化が必要と考えられていなかったわけではない。

2　法制化の挫折

最初の法案

環境庁は、一九七二年のアセスメント制度導入の閣議了解、そして、四日市公害訴訟の判決にも後押しされて法制化の準備を行った。各省庁が個別にアセスメントの制度化を始めた一九七三年に、環境庁も瀬戸内海環境保全臨時措置法にアセスメントの規定を設けた。そして、一九七四年には、中央公害対策審議会の環境影響評価小委員会がアセスメント運用の指針をまとめた。要点は以下の三つである。

(1)計画の早期段階から代替案の検討を行う。これは開発の構想、基本計画、実施計画の段階ごとに繰り返し行う必要がある。

(2)科学的に予測が確かなことと不確かなことを区分し、環境影響予測・評価の仮定条件を明示する。環境情報の把握には住民の意見も活用する。

(3)新しい環境情報のもとにアセスメントを絶えず見直し、環境保全上、問題があるときは開発計画そのものを再検討する。

これらは、現在でも通用する先進的な考え方である。とりわけ、(1)のように、事業アセスメントだけでなくＮＥＰＡと同じく計画アセスメントも視野に入れていた。これは第５章で紹介する、戦略的環境アセスメントの一つである。例えば、当時計画されていた、苫小牧東部工業開発や、むつ小川原総合開発などにもアセスメントを適用することを想定していた。一九七六年には、むつ小川原総合開発計画を対象としたアセスメント指針を示している。環境庁はこの前後にも経済計画や国土利用計画、電源開発基本計画などの各種計画に対するアセスメントについて言及している。

環境行政の後退

ところが、この動きに対し経団連をはじめ、鉄鋼業や電気事業、不動産業などの産業界から大きな反対があった。その背後には一九七三年のオイルショックによる経済優先の流れがあり、当時、環境行政は後退を余儀なくされていた。

環境庁は一九七六年に、中央公害対策審議会と環境庁企画調整局との連名で「環境影響評価制度のあり方について」の意見をまとめたうえで、環境影響評価法案の作成作業を進めた。こうしてできた法案に対し、通産、建設、運輸、国土といった事業実施省庁は産業界とともに反対し、一九七六年の第一回法案提出は失敗した。

一九七七年にも法案提出を試みたが失敗した。このときは、通産省は電気事業を対象からはずすよう強く要求し、建設省も都市計画を対象から除くことを求めた。これに対し当時の環境庁は、このように譲歩して骨抜きの法案にすることはできないとして法案提出を断念した。二度の失敗の後、さらに、一九七八年、七九年、八〇年と失敗が続き、六回目の一九八一年に発電所を対象からはずすという譲歩をしてようやく法案の提出ができた。しかし、この結果、法案の内容は当初案から大幅に後退してしまった。

一方、当時の世論はアセスメント制度の導入を強く求めていた。一九八一年に行われた国政モニター調査によれば、「環境アセスメントは当然行う必要がある」とした人は、九三％もあった。そして、法制化を支持する人は七四％もあったが、それでも法制化は失敗した。

これは、なぜか。環境庁は、六度目の正直で一九八一年にようやく法案提出にこぎつけたが、この間に譲歩を重ね法案は骨抜きになってしまった。最も大きな点は、環境影響が大きい事業の代表である発電所を法の対象からはずしたことである。このため、環境保護団体や野党からも大きな反対を受けるようになった。与党の自民党は、もともとアセスメント制度の法制化には積極的でなかった。その結果、一九八一年にようやく提出できた法案は、一九八三年に審議未了で廃案になってしまったのである。

閣議アセスメント

法制化には至らなかったものの、アセスメント制度に対する国民の要請は依然として強かった。政府は放置できず、行政指導による制度化を行うこととした。一九八四年に、国が関与する大規模事業を対象にアセスメントを行うことを閣議決定した。この閣議決定に基づき、廃案となった旧法案の骨子にそって要綱を作成した。したがって、旧法案でアセスメント対象からはずされた発電所は、この要綱でも対象ではない。発電所は通産省が所管する、いわゆる省議アセスメントが適用されるままとなった。

閣議決定に基づき作られた要綱なので、「閣議アセスメント」と称されたが、行政指導にとどまるもので規制力がないという限界があった。すなわち、アセスメント結果が許認可に反映されるという担保はない。だから各省庁が認めたともいえる。しかし、これでは形だけのものになってしまう。

閣議アセスメントでは、環境庁長官の意見は、事業を所管する主務大臣からの要請がないかぎりは出せなかった。その結果、一九九九年までの一五年間に四四八件あった閣議アセスメントのうち、環境庁長官の意見は、わずか二三件、全体の五%ほどしか求められていない。九五%の案件には環境庁長官の意見は出されていない。九五%というのは統計分析でいう管理限界である。すなわち、閣議アセスメントでは環境庁長官に意見を求めないほうが正常だということになる。これではまったく役に立たないのは明らかである。

そして、手続き上も消極的な内容となっている。現行のアセス法のプロセスは、方法書から始まる(3節参照)。これに対し、閣議アセスメントは一段階遅い、準備書の公表から始まった。意見書提出の機会は、準備書に対して出す一回だけである。準備書の説明会は開催されるが、公聴会の規定はない。また、意見書に対する事業者の見解書は出されない。そして、審査会もない。七〇年代以降の自治体の各制度に比べると、住民参加の制度化にはかなり消極的である。しかも大規模事業だけを対象とする枠組みなので、アセスメントを通じて国民が環境配慮のための意見を出せる機会は非常に限定されていることになる。

ただし、知事の意見を求め、さらに知事意見形成のために市長村長の意見も求める構造となっており、自治体のアセスメント制度の仕組みが援用できるようにはなっていた。その結果、閣議アセスメントであっても自治体の制度に公聴会等の手続きがあれば、これが使われた。

閣議アセスメントができたものの、国レベルでは個別法等によるアセスメントもあり、統一的手続きとはいえない状況だった。とはいえ、不十分ながらもアセスメントはしだいに定着していった。

例えば、閣議アセスメントを導入して以降、アセス法成立の前年までに、自治体では新たに制度化が進んだ。一九八四年の二〇自治体から、一九九六年には五〇自治体へと三〇増加した。しかし、これら三〇の内訳を見ると、条例は二自治体だけで、他の二八自治体はいずれも要綱であった。閣議アセスメントの消極的な取組みの影響が全国に広がったといえる。

四四八件が行われた閣議アセスメントの内訳は、道路が三〇七件と全体の七割近くを占め、土地区画整理が六五件で一割強、埋立てが三一件で一割弱となっている。この三つで全体の九割ほどを占める。また、個別法等に基づくアセスメントも四五四件ある。港湾計画が三一二件(七割弱)だが、当時は住民参加手続きがなかったため厳密にはアセスメントとは言えない。次に発電所が七八件(一割弱)、公有水面埋立てが四九件(一割ほど)となっている。

以上、国レベルでは、閣議アセスメントと個別法等によるアセスメントを合わせて、一九九九年までの一五年間で約九〇〇件になる。このうち、港湾計画を除くと約六〇〇件で、年に四〇件前後ということになる。ともかく、大規模事業しか対象にしないため、アセスメント実施件数は非常に少ない。

3　環境影響評価法の成立

一九八〇年代末から地球環境問題への関心が世界各国で高まった。一九九二年のリオデジャネイロでの「環境と開発に関する国連会議(地球サミット)」で、持続可能な発展が世界の合言葉となった。日本は、リオの会議に合わせて新たに環境基本法の制定を急いだ。当初提出した法案は、審議未了で廃案となったが、環境政策の大幅な転換が必要という世論に応えて、再びこの法案が提出され、一九九三年一一月に成立した。この法律は公布後一週間で施行となった。

環境基本法の規定

環境基本法は国の環境政策の基本方針を示したもので、それまでの公害対策基本法と自然環境保全法の領域を含み、さらに新たに地球環境問題をも視野に入れたものである。この法律の第二〇条で、「環境影響評価の推進」が規定された。当初は法制化まで行うか否かははっきりしていなかったが、世論の強い支持もあり、法制化の準備が進められた。一九九四年に国の環境基本計画が作られ、このなかでも環境影響評価の推進が明記された。

こうして、環境庁は一九九四年からアセスメント制度の準備を始めた。環境庁は「環境影響評価制度総合研究会」を設置し、検討を進めた。そして、孤軍奮闘した前回とは違い、今回、環境庁はこれと並行して、通産省、建設省、運輸省、農水省などの九省庁とともにこの研究会の幹事会を設け、作業を進めた。総合研究会は一九九六年に「環境影響評価の技術手法の現状及び課題について」と題する報告書をまとめた。

これらの成果を踏まえ、中央環境審議会で制度化の検討が進められた。国民各層の意見を幅広く審議に反映させるため計九回のヒアリングが行われ、五一七の個人・団体から、計四五九六件の意見が出された。この結果、一九九七年二月に法制化に向けた答申が出された。

アセス法の成立

こうして周到な準備のもと、環境影響評価法（アセス法）案が国会に提出された。今回は時期尚早という声もなく、多くの事業者はアセスメントが日本でも定着してきたことを認めた。だが、電力事業者は逆に、アセスメントは定着しているのだから今さら法制化の必要はないと主張した。しかし、世界の経済先進国はすべてアセスメントの法制度を有していることから、行政指導による制度化を強く主張することはできなかった。そこで通産省は、発電所の扱いを例外としてアセス法の対象からはずすが、その代わりに電気事業法の一部の改正で対応するとし、その改正作業を行った。

だが、世論は発電所はずしを許さなかった。法案は一九九七年三月二八日に閣議決定され、第一四〇国会に提出された。国会審議が始まった週の『日本経済新聞』でも、発電所をはずすことに対する明確な反対意見が掲載された。国会では橋本龍太郎首相に対して、例外を認めるのかという野党からの質問が出たが、橋本首相は例外なく適用するとした。その結果、発電所はアセス法の規定する手続きとともに、電気事業法でもアセスメント手続きを行うこととなった。結局、通産省は発電所をアセスメントの対象事業からはずそうとしたが、逆に二つの法の適用を受けることになり、他の事業よりも丁寧な手続きがとられることとなってしまった。

法案は中央環境審議会の答申の趣旨にそって作成されたが、代替案検討の義務づけがないとか、住民参加の規定が十分でないなどの問題点もあり、国会審議の過程で法案の修正が議論された。衆議院の環境委員会では、わずか一票差で法案の修正がならなかったが、その趣旨が衆参両院で、それぞれの附帯決議とされた。この附帯決議が後に意味をもつことになる。

アセス法は一九九七年六月九日に成立し、一三日に公布された。この法の施行には準備期間が必要ということで、二年後の一九九九年六月一二日から全面施行された。方法書段階などは、全面施行前の一九九八年に、部分的に施行された。

一九七二年、ストックホルムの国連人間環境会議で日本政府がアセスメント制度の導入を表明して以来、実に二五年を経て法制化が実現したが、それは経済先進国のなかで最も遅れたものとなった。

アセス法の特徴

アセス法の成立により、法的規制力ができたことの意味は大きい。

アセス法が成立するまでの間に事業アセスメントは定着してきたが、日本の事業アセスメントは開始のタイミングが遅いという点で、諸外国のものとは異なるものであった。だがアセス法によって、準備書段階でなく方法書段階から始まる、国際標準のアセスメントが行われるようになった。また、それまでと違い、地域の状況に応じたいわばオーダーメイドのアセスメントが求められ、事業者の環境保全のための創意工夫が必要となった。代替案の検討は不可欠であり、方法書段階で、検討する代替案についても列挙することが必要である。事業者が環境影響の回避・低減にどれだけ努めたか、それを社会に説明するための仕組みがアセスメントだからである。

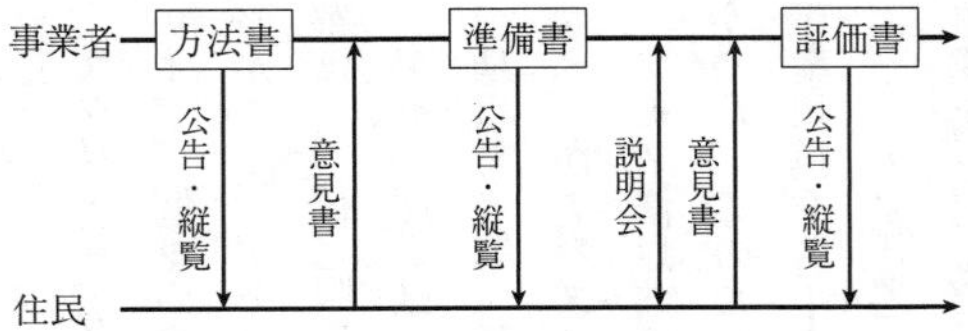

図 2-2　環境影響評価法に基づく手続きの流れ.

ここでアセス法における手続きを説明する。この手続きは日本における標準的な方法で、地方自治体における条例アセスメントの手続きの多くも、これに準じている。全体の流れは図2-2のようである。最終的に評価書が事業者により公表されて、事業の許認可を得ることになる。

なお、評価書が最終的に確定するとアセスメントのプロセスは終了するが、事業に着手した後のフォローアップについても評価書に記載されることがある。それにしたがって事後調査を行い、その結果により環境保全対策等を講ずることになる。

全体の大きな流れは以下に説明する、(1)スクリーニングと(2)詳細なアセスメントの二段階となる。

スクリーニング（対象事業のふるい分け）

まず、個々の事業について、アセスメント対象にするか否かを判定するスクリーニングの段階がある。アセス法の対象には港湾計画と各種事業があるが、中心となるのは事業である。事業は一二種に限定され、しかも特に巨大な事業だけを対象としている（表2-2）。

アセス法では、これら事業の種類と規模により対象事業を選定する。規模の違いにより、第一種事業と第二種事業に分けられ、第二種事業は第一種事業より規模が小さい。第一種事業はすべてがアセスメントの対象となる。

アセス法以前のアセスメントでは、対象事業のリストは一つだけで、一種、二種の区別はなかった。このため、事業規模がアセスメント対象となる下限を少しだけ超えるような場合には、事業規模を若干小さくして対象からはずすといった、「アセス逃れ」が起こりがちだった。そこで、アセス逃れが生じにくいように、第一種事業の下限近傍はグレーゾーンと考え、第二種事業を設定した。

第二種事業は、著しい影響がないと判断されれば、次の段階の詳細なアセスメントには進まず、この段階で手続きを終了させることができる。

表 2-2　環境影響評価法の対象事業

	第 1 種事業	第 2 種事業
1 道　　路		
高速自動車国道	すべて	—
首都高速道路等	すべて(4 車線)	—
一般国道	4 車線以上 10 km 以上	7.5 km 以上 10 km 未満
大規模林道	2 車線 20 km 以上	15 km 以上 20 km 未満
2 河　　川		
ダム・堰	湛水面積 100 ha 以上	75 ha 以上 100 ha 未満
湖沼水位調節施設	改変面積 100 ha 以上	75 ha 以上 100 ha 未満
放水路	改変面積 100 ha 以上	75 ha 以上 100 ha 未満
3 鉄　　道		
新幹線鉄道(規格新線含む)	すべて	—
普通鉄道・軌道	10 km 以上	7.5 km 以上 10 km 未満
4 飛 行 場	滑走路長 2500 m 以上	1875 m 以上 2500 m 未満
5 発 電 所		
水力発電所	出力 3 万 kW 以上	2.25 万 kW 以上 3 万 kW 未満
火力発電所(地熱以外)	出力 15 万 kW 以上	11.25 万 kW 以上 15 万 kW 未満
火力発電所(地熱)	出力 1 万 kW 以上	7500 kW 以上 1 万 kW 未満
原子力発電所	すべて	—
6 廃棄物最終処分場	30 ha 以上	25 ha 以上 30 ha 未満
7 公有水面の埋立て及び干拓	50 ha 超	40 ha 以上 50 ha 未満
8 土地区画整理事業	100 ha 以上	75 ha 以上 100 ha 未満
9 新住宅市街地開発事業	100 ha 以上	75 ha 以上 100 ha 未満
10 工業団地造成事業	100 ha 以上	75 ha 以上 100 ha 未満
11 新都市基盤整備事業	100 ha 以上	75 ha 以上 100 ha 未満
12 流通業務団地造成事業	100 ha 以上	75 ha 以上 100 ha 未満
13 宅地の造成事業(工場用地なども含む)	100 ha 以上	75 ha 以上 100 ha 未満
○港湾計画	埋立て・掘込み面積 300 ha 以上	

詳細なアセスメント

スクリーニングの結果、アセスメント対象に決まると詳細なアセスメントを行う。

〈方法書〉

詳細なアセスメントでは、まず、スコーピングの段階がある。スコープ(scope)とは英語で範囲のことで、これを動詞として使い、範囲を決めることだが、日本語では「検討範囲の絞込み」という表現が使われている。検討すべき範囲には、まず、さまざまな環境配慮の対策案の範囲、すなわち、代替案の範囲がある。そして、これらの代替案による環境影響を評価するためにどのような項目(例えば、大気質や水質、騒音、景観など)を採用するかが検討される。さらに、それら評価項目の、調査・予測・評価の方法も絞り込む。このスコーピングの段階を、アセス法では方法書段階という。

比較検討すべき代替案をどの範囲まで考えるか、また、評価項目の範囲をどうするか、調査・予測・評価の方法として何を選ぶかなどによって、アセスメント結果は大きく異なってくる。そこで、事業者がまず方法書を作成し公表する。これに対する住民等の公衆からの意見を意見書という文書で求め、事業者は方法書を修正し確定させる。方法書は公告・縦覧されるが、方法書の内容に対して説明会を設ける規定は、アセス法にはない。

このように公衆意見を収集し、事業者はそれに応えることが求められるが、ここで十分な応答がなされなければならない。これが一回目の公衆協議だが、意見書に対する応答は直接は行わず、アセスメント調査後に公表される準備書に記載される。

方法書段階が終わるとアセスメント調査が行われる。事業者は、意見書に応えて方法書の中身を確定させ、これに従ってアセスメント調査を行い、その結果に基づき、評価書の原案である準備書を作成する。アセス法以前の閣議アセスメントの手続きは、この準備書段階から始まっていた。

〈準備書と評価書〉

準備書作成にはできるだけ既存データを活用するが、方法書段階での意見書に応えるために、通常は何らかの新たな調査が必要となる。特に自然環境調査などは、日本では四季の変化があるため通常一年は必要である。また、一年では情報が集まらないものもあり、二年、あるいはそれ以上かかる場合もある。このため、方法書が確定してから準備書が公表されるまでには、通常一〜二年程度はかかる。

準備書を公表し、再び地域住民等の公衆から意見書を求め、事業者はそれに応えて必要な環境保全対策を決める。これが二回目の公衆協議である。このフィードバックプロセスで住民の意向が事業計画に反映される。そのため、説明会や公聴会などの会議形式でのコミュニケーションも補完的に使われるが、法アセスメントでは説明会の開催だけが義務づけられている。公

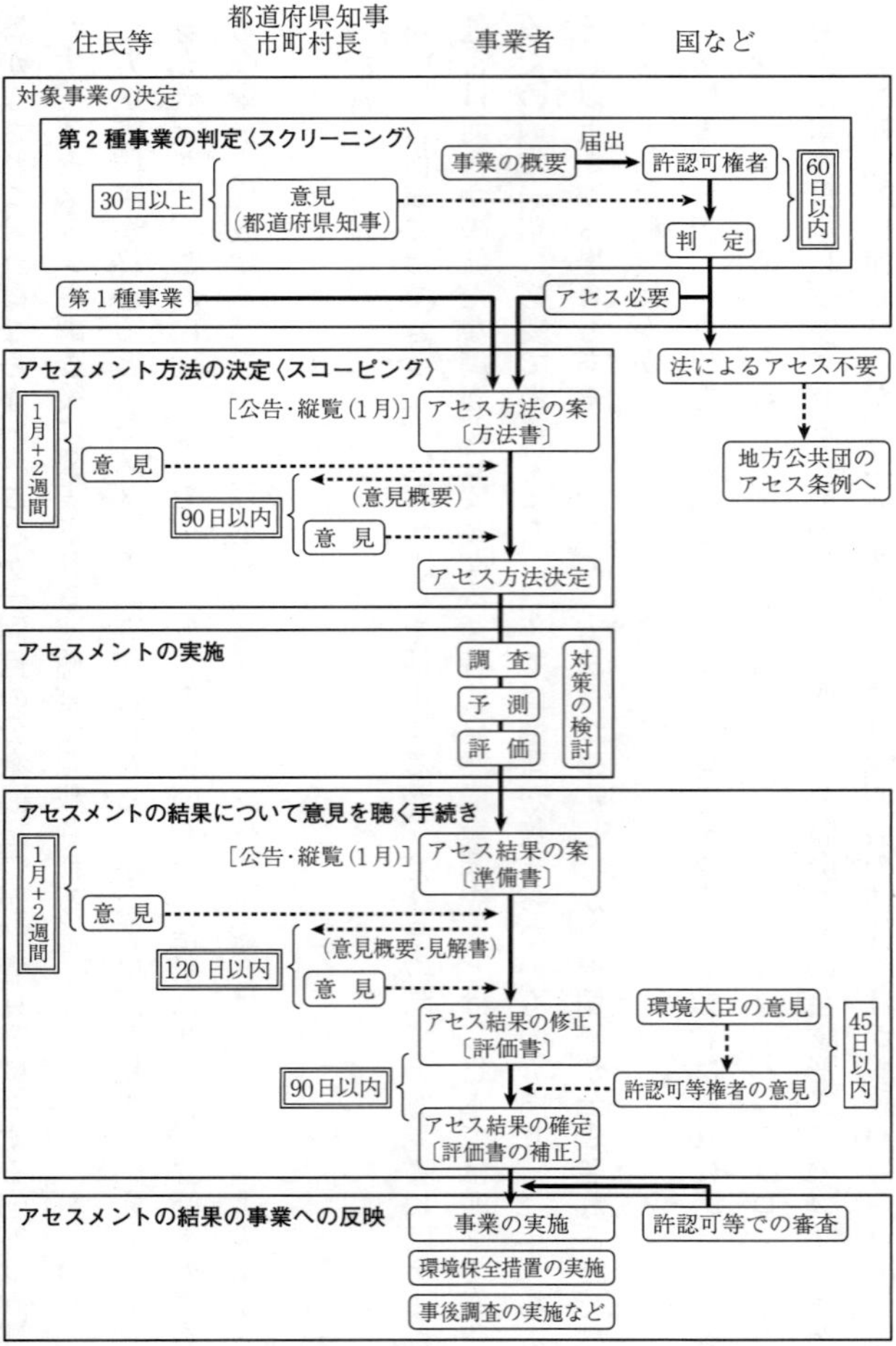

図 2-3　環境影響評価法の手続き．『環境影響評価制度総合研究会報告書(資料編)』(2009 年)による．

聴会の開催は、多くの自治体の条例アセスメント(4節参照)では規定されている。

評価書はこの一連のプロセスの結果として最終的に生み出される。以上の準備書から評価書を作っていくための関係主体間のコミュニケーションが、アセスメントの中心的なプロセスである。例えば、世界銀行が借入人に求めるアセスメントでは、スコーピング段階(方法書段階に相当)と準備書段階の、少なくとも二回の公衆協議を要求している。日本の現行制度は、この世界銀行の要求を満たす形のものとなっている。

具体的な手続きは図2-3のようになる。この図のように、事業者と地域住民だけでなく、アセスメント手続きを進行させる行政が、国、都道府県、市町村の三段階で関与する。

4　地方自治体のアセスメント

条例アセスメントの展開

アセス法の対象は特に巨大な事業だけなので、それだけでは十分な環境配慮ができない。アセス法の対象より規模の小さな事業や、法対象以外の事業種を対象として、地方自治体のアセスメント制度が設けられている。

二〇一一年時点、四七都道府県のすべてがアセスメント制度をもっている。アセス法の制定前は六自治体しか条例を有していなかったが、一九九七年の法制定後、一気に条例化が進み、二〇〇〇年一二月の沖縄県の条例制定により、全都道府県で条例が出揃った。また、政令指定都市においても、法制定時の一三都市はすでに条例化を終え、その後新たに増加した政令指定都市においても、順次条例制定が行われてきた。

これらの仕組みは、一九七六年に初めて条例アセスメントを制定した川崎市以外は、基本的にアセス法の仕組みに準じ、方法書、準備書、評価書という進め方である。ただし、アセス法と用語の異なる場合もあるので注意が必要である。方法書に対しては、実施計画書とか調査計画書など、準備書に対しては評価書案とか予測評価書案などと呼ぶ制度もある。また、評価書に対しても報告書という表現を使っている制度もある。名称は異なってもその中身や役割は、アセス法における、方法書、準備書、評価書に対応している。

対象事業と評価項目

自治体のアセスメント対象事業は、法アセスメントが対象としない事業である。環境行政では、対象の範囲を広げる、いわゆる「横出し」や、基準をさらに厳しくする「上乗せ」が認められているので、この考え方にそって対象事業や評価項目の横出しなどが行われている。

対象事業のスクリーニングは、法アセスメントと同様に、第一種事業と第二種事業からなる。

法アセスメントと同じ事業種については、条例アセスメントの第一種事業は法アセスメントの第二種事業より小さな規模となるが、法アセスメントの対象規模がきわめて大きいため、条例アセスメントの規準も相当に大きなものとなっている。

また、法アセスメントで対象としない事業は、自治体によって必要と思われる事業がリストに付加されている。例えば、都市部では高層建築物やバイオ研究施設、農村部ではゴルフ場や風力発電施設などがある。

さらに、自治体によっては評価項目などがさらに付加される場合がある。例えば、安全性や道路による地域の分断、あるいは文化財への影響などがある。

より積極的な住民参加手続き

これらの地方自治体の手続きでは、アセス法ができる前の時代と同様に、住民参加や専門家の関与はより積極的に行われているものが多い。特に、情報交流を促進するため、次の三つの方法が取り入れられている。

第一は、意見書に対して事業者が文書で直接答えるものとして、「見解書」が出される場合がある。準備書への見解書が出される制度が多いが、なかには方法書に対しても見解書が出される制度もある。住民との情報交流の促進という点では、住民等からの意見書に対してできるだけ速やかに応答するために、見解書の作成と公表は望ましいことである。日本のアセスメント制度の歴史では、しだいにこのような積極的な取組みが自治体間に広まっている。

第二に、直接の情報交流の場として公聴会が設けられる場合がある。公聴会は説明会とは逆に、住民や事業者の意見を聞くことに重点が置かれるが、双方の意見交換をはかることがより重要である。公聴会は行政が開催する。日本の通常の公聴会では、公述人が意見を述べるだけで終わり、事業者との間で議論は行われない。だが、これでは「意見聴取」にすぎない。そこで、意見交換が可能なように、意見交換会という形で住民参加の場が設けられる事例も現われてきた。これは会議の進め方によっては「形だけの応答」に終わる場合もあるが、質問や疑問に真摯に答える「意味ある応答」がされる場合もありうる。

そして第三に、第三者の専門的立場からの情報交流がある。自治体の制度では、すべてにおいて、行政の審査諮問機関として審査会が設けられている。審査自体は行政が行うが、その助言をするのが役割であるため、審議会あるいは技術委員会などの名称の場合もある。これらの審査会等では、準備書だけでなく方法書についても審査を行う場合が多い。審査会等では、専門的・中立的な立場からの判断がなされ、審査書として行政に情報が伝えられる。この審査結果を反映して知事意見や市町村長意見が出される。事業者は、これらの意見を勘案して、準備書を修正し評価書を作成することとなる。

審査会が公開で開催されれば、アセスメントプロセスの透明性は格段に高まる。住民等の意見がどのように反映されるかを、公衆は知ることができるからである。審査会を公開にする自治体はしだいに増えてきた。審査会を公開する際、議事録の記載方法は重要である。発言順に発言者名を明記したものが作成、公表されなければならない。無記名で議事要旨のみを公表する審査会も見られるが、これでは透明性は担保されない。そして、審査会のメンバーをどう選出するかもきわめて重要な問題であり、行政にはその説明責任が求められる。できるだけ、透明で第三者性の高い委員選定手続きが求められる。

5　環境影響評価法の見直し

アセス法に基づくアセスメント制度は、閣議アセスメントに比べれば格段によいものになっているが、法制化のときに残された問題や、その後の世界での動きを見ると、不十分な点は多い。前述のように、自治体の条例アセスメントと比べてみても、住民の参加や専門家の関与などの点で、現行法による仕組みの不十分な点がわかる。

法アセスメント、条例アセスメントを通じて最も大きな問題点は、特別に大規模な事業しか対象にしていないことである。日本のアセスメントの実施件数は極端に少なく、これまでの実

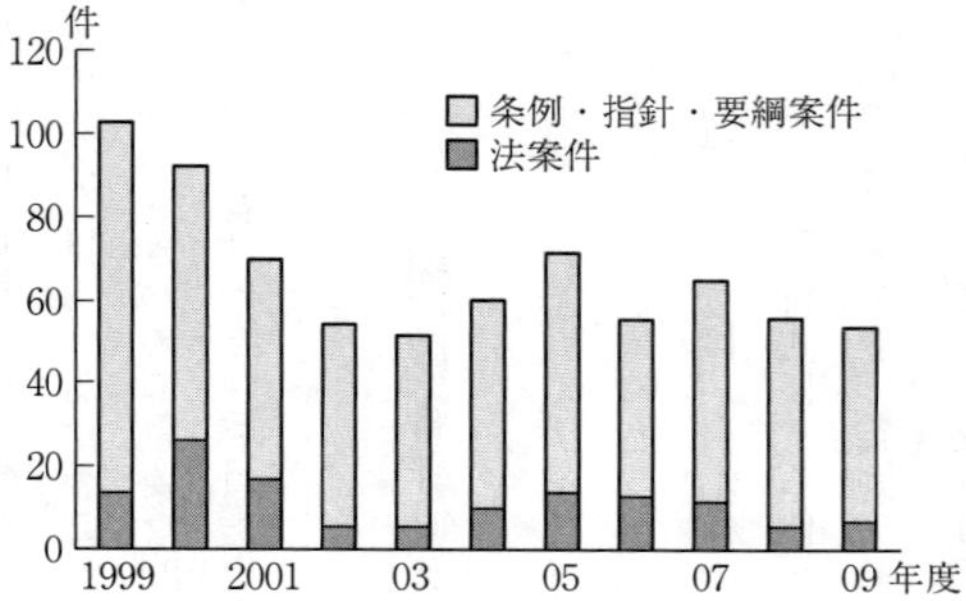

図 2-4　日本のアセスメント実施件数．アセス法による件数と条例などによる件数を分けた(環境省調べ)．

績は図2-4の通りである。序章で述べた年七〇件というのは多目に見てもということで、近年はさらに減少している。

アセス法の実績

二〇一〇年までのアセス法適用事例の実績では、アセスメントによって事業計画が中止になったものは一つもなく、アセスメントが事業実施の阻害となるわけではない。巨大事業しか対象にしないため、アセスメント手続きに要した時間は一～二年ほど、費用は推計で数億円前後もかかっている。環境省調査によれば、一三事業種のうち道路が最多で三八%、次いで発電所が二六%を占めている。

また、第二種事業のスクリーニングによるアセスメント適用除外はまったくなく、すべて詳細なアセスメントが行われている。これは第二種事業の規模下限が大きすぎるためである。唯一、計画段階で適用されることになっている港湾計画も、対象規模が埋立て・掘込み面積三〇〇ヘクタール以上と巨大なため、一件も実績がない。今は、そのような巨大計画がなされる時代ではない。

アセス法の見直し

アセス法は、施行後一〇年を目途に見直すことが規定されており、そのため環境省(二〇〇一年に環境庁を再編)は、二〇〇八年六月に環境影響評価制度総合研究会を設置した。序章で触れたように研究会の委員構成自体にも問題はあったが、二〇〇九年七月までの間に一〇回にわたる検討を重ね、報告書がまとめられた。この報告書に基づき、さらに中央環境審議会の専門委員会での検討を加え、同審議会から答申が出された。

環境省はこの答申を踏まえて改正案を作成し、アセス法の改正案は二〇一〇年三月一九日に閣議決定され、国会に提出された。参議院で先議されたが、その環境委員会での審議では筆者も四人の参考人の一人として簡易アセスメントの導入などの必要性を述べ、早期での改正法見直しを求めた。

二〇一〇年の改正案は、あるべきアセスメント制度の点からは、まだ不十分なものといわざるをえない。では、どういう点が不十分なのか。これを理解するため、第3章ではアセスメントの本質について考える。

第3章　環境アセスメントの本質

日本の環境アセスメントでは、方法書、準備書、評価書の三つの文書が順次公表され、方法書と準備書の公表時には公衆の意見が求められる。パブリックコメントの手続きである。このような仕組みになっているのはなぜか、そして、そもそもアセスメントは何を目指すものなのかをあらためて考えてみる。

1　自主的な環境配慮

社会に対する説明責任

環境アセスメントは政策手段としては規制的手段ではない。誘導的手段の一つ、情報的手段である。他の誘導的手段は、補助金や税の優遇、環境税などの経済的手段である。情報的手段は情報公開に基づくもので、社会の目が行動の誘因となる。その手続きのルールは決められるが、どのような対応をするかは各主体の自由である。すなわち、アセスメントは自主的な環境配慮の仕組みなのである。

アセスメントは、通常、事業者の責任で行われる。ただし、これは費用負担や情報提供の責任を果たすということであり、事業者が勝手に行うというわけではない。ルールに従い社会的な手続きとして行われる。その目的は、事業者が十分な環境配慮を行ったことを社会に対して説明すること、すなわち、事業者の説明責任、アカウンタビリティを果たすことにある。

法律で規定された環境保全の基準を守るのは当然のことで、アセスメントではそれを超えてどこまで環境配慮のスコープを広げられるか、また、どの程度まで積極的に環境配慮を進めるかがポイントとなる。これは社会に対する組織の責任（ソーシャル・レスポンサビリティ、SR）である。企業なら、コーポレイト・ソーシャル・レスポンサビリティ、すなわち、CSRということになる。そのために、環境配慮に関して合理的で公正な判断をしたということを社会に対して示す。これを効果的に行うプロセスがアセスメントである。

アセスメントを行うことによって、事業による環境影響を最大限に減らし、よりよい事業とすることができる。そのためには、事業計画の内容を変更し、ときには事業の中止も考えなければならない。そして、事業者が環境影響をどれだけ回避・低減したかを社会に説明するためには、その判断形成のプロセスを示すことが必要である。具体的には原案と、環境配慮をさらに行った代替案を比較検討して、最適案を選択することにより、事業者は最善の対策を講じたことを説明する。

意思決定過程の透明化

アセスメントにおいては、意思決定過程の透明化が本質である。そして、判断形成過程を公開するだけでなく、その判断にはさまざまな利害関係主体（ステークホルダー）の意向を反映しなければならない。

もともとアセスメントという言葉は、課税のために財産や収入などを査定することを指した。つまり、アセスメントは課税という社会的な行為のための第三者による評価のことであった。この、社会的という点が特に重要である。私的な行為ではないので、環境における評価では、情報公開と住民参加が必須となる。

事業者が自ら十分に環境配慮を行うことが期待できるのであれば、特にアセスメントという言葉を使わなくてもよい。しかし、事業者に任せたままでは、どこまで環境配慮がなされるかはわからない。このことは、第1章で紹介したように、工業化した各国の歴史が雄弁に物語っている。例えば、一九世紀末のイギリスや、戦後の高度経済成長期の日本、そして、東欧諸国や途上国での深刻な環境汚染の状況がある。また、たとえ事業者による環境配慮が期待できる場合であっても、その対応は事業者によってまちまちになってしまい、適切な対応がなされるとは限らない。

そこで、環境影響が大きいと予想される行為の選択については、これを社会に対して説明することが必要となる。そのために、社会構成員が納得するような手続きが求められる。すなわち、環境影響の予測と評価、それに基づく影響緩和策の選択を、誰にもわかるように透明な形で行わなければならない。

科学性と民主性

事業者による説明が社会的に受け入れられるためには、合理的で公正な判断がなされなければならない。合理的な判断のためには「科学性」が求められ、公正な判断のためには民主的な手続き、すなわち「民主性」が求められる。

科学性とは再現性のあることである。これは、誰がいつ確かめても同じ結果が得られることであり、それは外部の検証に耐えるものでなければならない。この意味で、客観性が必要である。誰もが納得しうる方法で予測されなければ、環境への影響を判断することはできないからだ。再現性が保証されてはじめて、人々はその情報を信頼できるものとして判断の根拠にできる。

民主性とは、人々の価値判断が民主的な形で判断に反映されることである。客観的に同じ影響が予測されたとしても、その影響の評価は主体によって異なる。民主主義社会では、多様な評価がありうるということに対応できなければならない。また、主体間の評価値の変動幅は、評価項目によっても異なる。

環境の質は、安全性、健康性、利便性、快適性、そして地域の個性で評価することができる。安全性や健康性などにかかわる項目の評価は専門家の判断によりある程度一定になるが、利便性や、環境の快適性、歴史や文化などの地域の個性は、評価主体によって異なる。したがって、環境影響の評価には、影響を受ける関連主体の価値判断を反映させることが必要である。

このように主体により評価が分かれうるのであれば、地域社会に開かれた評価プロセスでなければアセスメントとはいえない。とりわけ、地域住民の居住環境への影響は基本的な問題であるので、彼らの参加が必須の条件となる。事業者が環境配慮を行ったとしても、そのプロセスに公衆の参加のないものは、アセスメントとはいえない。

アセスメントは、環境に配慮した「社会的な意思形成過程」として機能する。これは社会的な合意を得るプロセスにつながるという意味である。アセスメント自体は合意形成の場ではないが、合意の基盤づくりという重要な機能がある。科学的な方法がとられるのも、そのほうが社会的な合意が得られやすいからといえる。日本のアセスメントは、従来は科学的分析に集中しがちだったが、社会的な合意の基盤づくりこそが中心課題である。

2　合理的な判断の支援

科学的判断形成のためのシステム分析

環境への影響を予測・評価して、これをもとに適切な意思決定を行うためには、まず合理的な判断が求められる。では、どうしたらよいか。アセスメントではそのために、システム分析の方法がとられる。これは意思決定者の判断を支援する方法であり、概略は以下のようなものである。

まず、対象がシステムであると認識されるためには次の三つが必要である。(1)対象が各要素に分解できること。(2)各要素間の関係が把握でき、明示できること。(3)全体が一体的に機能すること。

環境に大きな影響を与えるおそれのある大規模事業、例えば、高速道路やダム、発電所の建設、あるいは都市開発などは、通常、個別要素となる多数の行為からなるため、システムと認識することができる。大規模事業以外にも、地域の総合計画やマスタープランなどは個別要素となる諸事業に分解でき、政策も個別要素となる諸計画に分解できる。そして、いずれも要素となる諸事業や諸計画は相互に関連して全体の体系を作っている。すなわち、これらは一つのシステムとして認識される。

システム分析は、第二次世界大戦後にアメリカを中心に生まれ、一九六〇年代に政策や計画の選択に使われるようになった。意思決定を支援する科学的な方法という点では、第二次大戦中にイギリスで生まれたOR（オペレーションズリサーチ）の延長線上に位置づけられる。

システム分析で重要なことは、代替案選択のための評価が体系的であること、すなわち、階層的な評価システムを構築して行うことである。代替案による影響も多面に及ぶから、影響もシステムの一つと認識される。まず、この影響システムを個別の項目に分解し、それぞれについて予測を行う。次に、それらの項目ごとに個別評価を行い、その結果を総合して評価をする。この手続きを効率的に進めるため、特に定量化が重視される。定量化により、将来の状態について客観的な予測が可能となり、操作性が高まる。個別項目への分解は必ずしも一段階ではなく多段階となる場合が多い。システム分析の手順はいろいろと提案されてきたが、現在では以下の六段階に整理されている。

システム分析の手順

（1）問題の定式化。まず、目的を明確にすることから始める。問題の範囲、関連する要素を確認する。問題解決の方向が決まったら、できるだけ的確に定式化することが必要である。この段階で、意思決定者だけでなく、多様なステークホルダーの意向も反映されなければならない。例えば家族旅行の計画なら、家族の誰が行くか、日数や予算はどの程度か、その旅行の目的は何に重点をおくかなど、枠組みを決める。

（2）現状分析。問題に関する既存の関連研究や調査の結果を収集して、さらに必要な新規調査を行う。地図や統計資料の収集、社会調査の実施、物理的な計測などによってデータを収集し、現状の問題点を明らかにする。前述の旅行計画なら、決めた枠組みにしたがって必要な情報を収集する。旅行会社のパンレット、ウェブサイトの検索、旅行ガイドブック、テレビ番組、旅行記、友人や知人に話を聞くなど、誰でも情報収集に努めるであろう。

（3）代替案の作成。明らかにされた問題点を踏まえて、解決策を探索するための情報を収集する。まず、類似例での解決方法を幅広く収集する。これに加えて新たな解決策を考案する。与えられた制約条件により解決策の範囲は異なるからさまざまな条件を想定し、できるだけ多くの代替案を考案する。そして、それらのなかから代表的なものを絞り込んでゆく。旅行の代替案は、予算と日数、メンバーの好みなどの制約条件で、その範囲は絞り込まれる。代替案の範囲は、初めは広がるが、だんだんいくつかに絞られてゆく。

（4）予測。代替案ごとの将来状態の予測はモデルを用いて行われる。将来状態をシステムとして捉え、要素に分解し、個別の評価項目ごとに予測する。将来状態は、評価項目を示す一連の変数の組合せとして表現される。定量的変数が望ましいが、定性的なものも用いられる。旅行の場合は、代替案をいくつかに絞り込んだら、案ごとにどのような旅行になるかを予測する。これは費用の予測と、得られる効果の予測である。ここでは、家族旅行なので、効果については、楽しさを予想するという表現のほうがよいかもしれない。

（5）評価（個別評価）。各代替案について、システムの要素ごとの予測結果を個別に評価する。そのためには費用対効果を見ないといけない。その方法の一つは、費用を一定にして効果を見ることである。効果を示す評価項目のなかには客観的評価が可能なものもあるが、基本的には評価主体により異なる。評価値は通常何らかの基準化された形で表現されることが多い。旅行の場合は、旅行の代替案について将来状態の予測をしたら、各代替案について項目別の評価をする。家計の予算制約があるので費用を一定にして考えると、項目別の効果について評価することとなる。例えば、満足度のような形で評価することができる。

（6）解釈（総合評価）。最後に代替案の順位づけを行う。総合評価といわず解釈というのは、個別評価の総合化だけでは含まれない要素についても考慮すべきだからである。定量的な総合化のためには、個別項目ごとに重みづけが行われるが、この重みをどう求めるかが問題となる。こうして個別の項目についての評価はできるが、沢山の項目があるので、これらの評価結果を総合化して各代替案を相互に比較する。

繰り返しの検討

右の六段階は、この順に進むだけではなく、必要に応じてフィードバックが行われる。このようなダイナミックなプロセスがシステム分析の特徴である。すなわち、最後の解釈の段階において、最も評価の高い案が目的を満たすものであれば、その案が最適案として選ばれるが、そうでなければ、さらに好ましい案を求めるフィードバックループに入る。これは代替案の修正ループである。

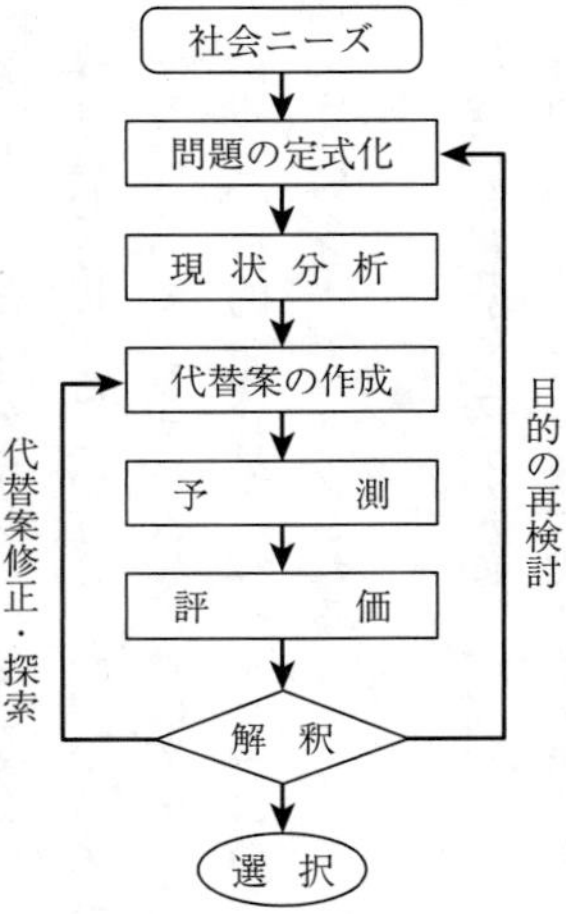

図 3-1　システム分析の手順.

場合によっては、問題自体の再検討を行うため、目的を見直して、問題の定式化まで戻ることもある。この場合には、右の六段階のすべてを再び繰り返すこととなる。

繰り返し分析するということが、システム分析において特に重要な点である。この繰り返しの検討について、システム分析の構造を模式的に表してみる。システム分析の要素を大きくまとめると、目的、代替案、評価システムの三つになる。これらが上記の六段階を経て図3-1のようにフィードバックされる。

社会に開かれたシステム分析

計画や政策においては、代替案を比較検討するということは日本でも当然行われている。しかし、この検討プロセスは通常、事業者の内部で実施されており、それを公衆に開かれた形で行うことは従来あまりなかった。すなわち、代替案の検討は、住民等のステークホルダーに開かれた形で行われることはほとんどなかった。

システム分析はもともと意思決定者の判断を支援するものであり、このプロセスは通常、社会に対して閉じられている。しかし、事業者が説明責任を果たすためにこれを用いるには、社会に開かれたプロセスでなければ機能しない。

システム分析は科学的な意思決定を支援するものだが、意思決定においては多くの不確実な要素を含むので、分析では必ずしもすべてが科学的、客観的に取り扱えるわけではない。環境については特にそのような状況が多い。このことを、システム分析の六段階の手順について見てみると以下のようになる。

まず、問題の定式化の段階で主観的な判断が入るのは当然のことである。そして、客観的と思われる現状分析や予測の段階でも、前提条件や制約条件をどうとるかで、主観的な判断が入り込む。代替案の作成においては発見的な取組みが必要であり、主観的な部分が大きく影響する。そして、評価と解釈の段階は当然主観的なものである。

したがって、地域住民をはじめとするさまざまなステークホルダーの意向が、システム分析全体のプロセスで反映されることが必要である。このため、これらの主体の参加を保障するとともに、分析の情報や各主体の意向が相互に交流するようなコミュニケーションがきわめて重要となる。

だが、公共事業や民間事業の代替案検討に住民等のステークホルダーがオープンな形で参加することは、日本では従来あまりなじみがなかった。特に、ある程度以上の規模の事業において、事業計画の早い段階から住民参加により計画の代替案を検討し、修正することはなかった。一応、情報公開をして参加の機会も与えられるが、その多くは、意見聴取か「形だけの応答」で終わっていた。しかし、アセスメントは、これでは駄目である。

3　住民参加と情報公開

アセスメントのもう一つの重要な要件である民主性は、民主主義社会における公正な判断のために不可決である。科学的な分析は公正な判断をするための材料である。

アセスメントでは予測・評価の情報を、その影響を受けるステークホルダーに伝えたうえで、彼らの意向を把握し、事業や計画の意思決定に反映させる。ステークホルダーの中心は環境影響を強く受ける地域の住民であり、彼らの参加が求められる。参加のためには、住民は判断に必要な情報を十分にもたなければならないから、情報公開は参加のための必須条件である。

公衆参加の五段階

参加の結果として、公衆の意見が意思決定に反映されなければならないが、それには、「公共空間での議論」が必要である。ここでいう公共空間とは抽象的な意味の空間で、誰もがアクセスできる場のことをいう。「読者の広場」という場合の広場に相当する概念である。つまり、公共空間での議論とは公開の場における議論であり、意思決定過程を透明化することである。この過程への公衆参加をどうするか、そのための手続きが問題となる。

筆者は公衆参加の五段階モデルを提唱してきた(表3-1)。このモデルは、アメリカの社会学者アーンスタインの八段梯子モデルをはじめとする先行研究を踏まえて新たに提案したものである。表の括弧内にアーンスタインの梯子に対応する表現を示したが、「意味ある応答」に対応する概念は、彼女の梯子にはない。五つの段階は、事業者と住民とのコミュニケーションという観点からの分類になっている。五段階のうちレベル4までは、責任は行政にあり、最終的な意思決定は行政が行う。

表3-1　公衆参加の5段階モデル

(1)	情報提供(Informing)
(2)	意見聴取(Consultation)
(3)	形だけの応答(Placation)
(4)	意味ある応答
(5)	パートナーシップ(Partnership)

レベル5(パートナーシップ)は行政と公衆の協働である。この段階では、住民に権利と責任の双方が生じるので、レベル5の参加は限られてくる。都市計画における地区計画のような、地域が限定された身近な問題の場合にはありうるが、都市マスタープランといった広域的な計画では、そこまではできない。大規模公共事業の便益は薄く広く及ぶが、各個人にはとても責任は取れず、公共主体が責任を取ることとなる。このため、アセスメントが必要な大規模公共事業は、レベル5の参加では対象とはならない。民間の大規模事業も同様である。

レベル4までの参加は、意思決定主体はあくまでも行政であり、行政がインボルブメントという言葉を使うのも理解できる。行政の適切な意思決定のために公衆をインボルブする(巻き込む)わけである。しかし、これは、どちら側から見るかの問題であり、このプロセスを公衆側からみれば、参加ということになる。

意味ある応答

レベル4「意味ある応答」は筆者が作った言葉で、一九九四年刊の放送大学テキスト『環境アセスメント』では「情報参加」としていたものである。これは、パートナーシップのような意思決定への参加(「決定参加」)に対比するものとして表現したのだが、前述の「情報提供」参加と混同されてしまうので表現を改めた。

「意味ある応答」がなされるためには、社会の誰もがアクセスできる「公共空間」での議論が必要である。すなわち、事業者は公衆の意見に正面から応え、公衆の疑問に対しては納得できるように十分な説明を行う。このためには公衆が検証可能な形での説明をしなければならない。これは、論理と実証の世界である。また、公衆が環境影響を緩和するために求める事業計画の修正や大幅な変更にも、必要ならば応じる。ときには、事業の中止に至ることもありえよう。このように誠実な対応をすることが、公衆の意見を反映するということである。

事業者はアセスメント手続きを経て、最終的に評価書を作成・公表し、社会に対して環境配慮のアカウンタビリティを果たすとともに、環境配慮行動を約束することになる。評価書は準備書段階を経て作成される。準備書段階では、事業者は公衆の意見を求め、それに応えて環境保全対策を考える。これがアセスメントの中心的な部分である。公衆の環境配慮の意向が事業計画に、真に反映されなければならない。

情報公開の課題

「意味ある応答」のなされる参加のためには、公衆が判断するための情報が適切に、そして、十分に提供される必要がある。そのため、官民を問わず、事業主体には積極的な情報公開が求められる。情報には客観的な事実に関する「事実情報」と、人々の意見など主観的価値判断に関する「価値情報」とがあり、双方とも重要である。価値情報は、公衆の参加の場などでの議論や意見書などの文書によって交換される。

アセスメントにおける事実情報には「計画情報」と「環境情報」がある。前者は、計画の内容やその背景、前提などの情報で、後者は、環境の現状や将来の状況、新たな環境影響などに関する情報である。

これまで日本では、事実情報が十分には公開されてこなかった。官民を問わず、計画情報の早期公開には大きな抵抗がある。二〇〇一年の情報公開法の施行により、以前よりは良くなったが、立地情報などについては依然として抵抗が大きい。非公開の理由は、民間の場合は企業の経営戦略上の秘密情報だからというものである。しかし、各国のアセスメント制度では立地検討段階の情報は公開されるようになっているから、これは説得力をもたない。実際、日本でも国際協力分野ではすでに世界標準と同じく、立地検討段階の情報公開は進んでいる。この抵抗感は産業によっても異なり、発電所を建設する電力業界の抵抗が特に強い。

公共事業の場合は、企業秘密の問題はないが、早期の情報公開によって土地の買占めが生じるとよくいわれる。しかし、これは間違っている。土地の買占めは、計画がすでに決まっており、それが公開されていない場合に生じる。このとき、インサイダー情報を得た主体が買い占めて利益を得る。決定前の情報であれば、ある土地に開発行為があるかないか不確定なので買占めは生じない。例えば、候補地が一〇か所あるといった早期段階で情報が公開されても、誰もすべての土地を買い占めたりはしないし、そもそも候補地の地主が手放さないだろう。

このように、計画情報の公開に反対する理由は、合理性のないものが多い。むしろ、早期に情報公開をして、事業者のアカウンタビリティを果たすことが求められる時代になってきた。

環境情報の公開

環境情報についても公開の程度は低い。環境の現状に関しては、事業者以外でも確認できるものが多いので秘密にする意味がなく公開されるが、生物の希少種などの情報は密猟や盗掘がされないよう、その扱いには注意を要する。一方、アセスメントにおいて重要な審査会(八〇ページ参照)で希少種への影響を判断するには、具体的にどの場所で何が影響を受けるかの情報が必要である。このような場合は守秘義務を課したうえで、関連する専門家だけに公開するインカメラ処理を行うことで対応できる。

また、予測・評価結果の検証には、予測に用いた基礎データと予測変数などの情報が必要だが、この公開にも抵抗が示されることがある。事業者のコンサルタントは、技術情報なので秘密にしたいと主張する場合もあるが、そのようなことは実際にはきわめて限られている。こうした姿勢はアセスメントの考えとはなじまない。意思決定過程の透明化がアセスメントの本質だからである。むしろ、そのようなコンサルタントはアセスメント業務を行う資格がないと考えるべきである。

4　アセスメントはコミュニケーション

環境アセスメントは社会に開かれた形でシステム分析を行うものであるから、公衆と事業者の間の十分なコミュニケーションが必要になる。アセスメントとはコミュニケーションであるといっても過言ではない。

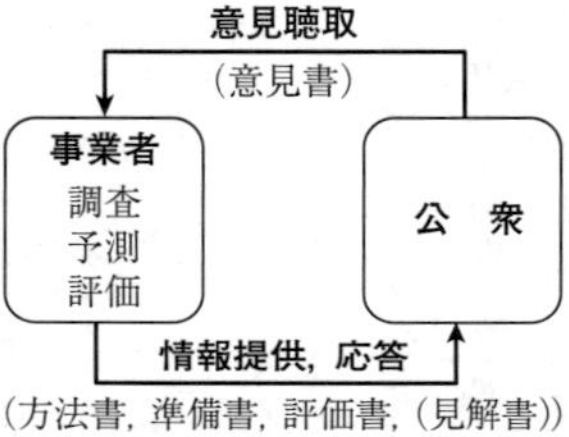

図 3-2　アセスメントは
コミュニケーション.

公衆と事業者の間のコミュニケーションには、多様なやり方がある。まず、意見書や見解書という文書での間接的なやり取りがある。もう一つは、説明会や公聴会という会議形式での直接的な双方向の情報交流がある。

公衆と事業者、そして行政の三者の相互関係に着目することが重要だが、行政は公衆と事業者の間の調整役である。図3-2は、アセスメントにおけるさまざまなコミュニケーションの方法をまとめて示したものである。このプロセスで積極的な情報のフィードバックを行うことが必要である。そのためには、ある程度の時間と費用は覚悟しなければならない。

とりわけ、事業者の自主的な判断で、積極的なフィードバックを行うことが重要である。例えば、アセス法の方法書段階でも自主的に説明会を開くことができる。また、公聴会の規定がなくても、住民の要求があれば行政に公聴会の開催を求めることもできる。

第4章で紹介する愛知万博のアセスメントでは、事業者の自主的な判断で、方法書段階においても説明会と意見交換会が開かれた。その結果、準備書段階での説明会は、事業者の予想よりもスムーズに行われた。自主的に取り組めば、その効果はあることが示された。

現在の日本のシステムはあまりにも硬直的である。住民と事業者の情報交流を促進するためには、必要に応じて情報のフィードバックを増やさなければならない。説明会や公聴会では時間切れとなってしまう場合が見られるが、会議を複数回開けば議論のやり取りができる。効果的なコミュニケーションのためには、事業者の自主的取組みが期待される。

このために、インターネットなど新しい情報通信技術が有効である。方法書、準備書、評価書などの文書をインターネット上に公開しておけば、一般住民の情報へのアクセスは格段に容易になる。また、意見書の収集にも、郵便などの従来の方法に加えてインターネットを活用できる。さらに、地域のＣＡＴＶなど、さまざまな通信メディアを積極的に活用すべきである。

アセスメントの基本文書

環境アセスメントでは、文書が情報交流の中心である。文書形式のコミュニケーションは、事業者と住民とが直接に情報交流するのではないという点で間接的である。

アセスメントの基本文書は、方法書、準備書、評価書の三つで、なかでも中心は評価書である。最終的に評価書を作るため、その原案の準備書を作成する。そして、そのためにこれらの設計図である方法書を、まず作成する。これらのうち、住民が直接意見を出せるのは、日本の現行制度では方法書と準備書に対してである。

評価書は、意見書や審査書などに応えて、準備書を書き直したものである。したがって、両者は文書としての基本構造は変わらない。また、方法書は、準備書に記載する、評価項目や調査・予測・評価の方法などをまとめたもので、準備書よりもかなり簡潔なものになる。しかし、実際は方法書の趣旨が事業者に十分には理解されておらず、かなり分厚いものも見られる。

評価書ないし準備書の一般的な構成は次のようになっている。(1)概要(現状分析を含む)、(2)事業計画の内容(複数の代替案が必要)、(3)評価項目の選定、(4)評価項目ごとの調査・予測・評価の結果、(5)環境保全措置、(6)総合評価、(7)資料編。

(1)〜(6)はシステム分析の六段階のうち、現状分析以降の五つの段階に対応している((5)(6)が解釈に対応)。第一段階の「問題の定式化」は、準備書の前の方法書段階で扱われる。したがって、アセスメントのプロセスを通じて、システム分析の六段階で進められていることがわかる。

準備書には、その前の方法書段階での住民意見とそれに対する事業者の見解が記載され、公衆にフィードバックされる。そして、評価書には、準備書に対する住民等の意見とそれに対する事業者の見解が記載され、公衆にフィードバックされる。

事業者の作成した、方法書、準備書、評価書、あるいは見解書などを、住民等が閲覧するための場が設定される。この閲覧を縦覧という。縦覧場所は通常、市役所やその出張所などの公共施設が使われる。縦覧期間は、アセス法では方法書も準備書も、一か月と二週間である。自治体の条例アセスメントでも同様の期間である。

文書と会議の補完

これらの文書形式でのコミュニケーションの特徴は何だろうか。

主な利点は以下の三点である。第一に、情報の確認ができ、誰が見ても同じ情報が伝達される。したがって、アセスメントの最終成果としては文書形式の評価書が作られる。第二に、表現形式にある程度の制約はあるが、正確で詳細な情報が伝達できる。専門的な内容を一般の人に伝えるには、ある程度の分量の記述が必要となる。第三に、印刷物やコピーとして複製し、必要に応じ情報の伝達範囲を広げることができる。

一方、文書は、一方向のコミュニケーションであるため限界がある。双方向の情報フィードバックのためには一連の文書のやり取りが必要となる。そうすると、情報の往復に時間がかかり、迅速な対応はできない。これが大きな欠点である。

そこで、文書による情報交流の欠点を補完するものとして、集会や会議形式による情報交流の場が設けられる。これには通常、説明会と公聴会とがある。

説明会はアセスメント文書の縦覧期間に、その内容を住民等に周知徹底するために行われる。

公開で、地域の状況に即した方法がとられる。会場は住民が参加しやすい場所に設定され、夜や休日など、住民が参加しやすい時間帯に開かれる。説明の後、質疑も受ける。

公聴会は住民や事業者等、関係者が相互の意見を聴くためのものである。したがって、説明会よりも後、通常は意見書が出された後に開かれる。アセス法では規定されていないが、自治体の制度では八割以上で規定されている。また最近は、単に意見を述べるだけでなく、相互の意見のやり取りをする意見交換会が開かれる場合もある。

5　藤前干潟アセスメント

アセスメントの本質は持続可能性を高めることにあり、アセスメントが適切に行われると、持続可能な社会づくりへと向かうことができる。その具体事例として、一九九四〜九八年に行われた、愛知県名古屋市の藤前《ふじまえ》干潟のアセスメント事例を紹介する。これはアセス法ではなく閣議アセスメントの適用事例だが、公有水面埋立法が適用されることから、結果的にアセス法と類似のプロセスがとられたもので、しかも環境政策の転換点といえる結果をもたらした。

この事例はごみと野鳥の問題といわれた。ごみ問題は都市活動の結果生じる問題であるから、都市における人間活動と自然保護の対立の一例である。いわば人間活動をいかに環境と調和させるかの問題であり、これは持続可能な開発のための普遍的な課題である。

ごみ処分場計画

藤前干潟は伊勢湾に残された貴重な干潟である。面積は三〇〇ヘクタールほどだが、そのうち、四六・五ヘクタールが紆余曲折の末、都市ごみの最終処分場として埋立ての対象となった。

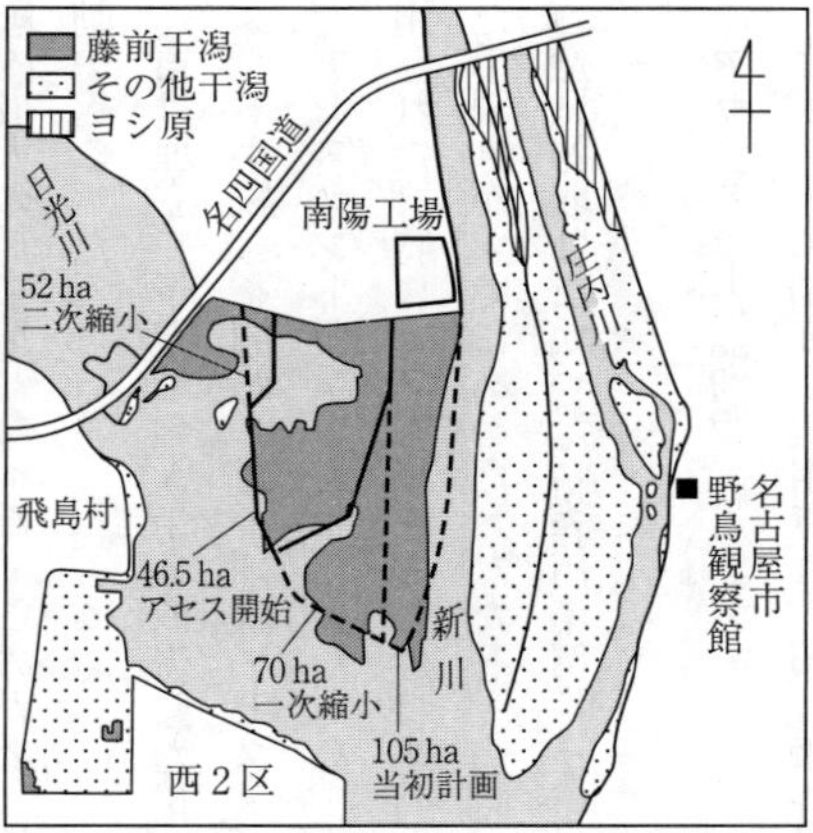

図3-3　藤前干潟の埋立て計画の変遷．辻淳夫「藤前干潟から見た環境アセスメント」(松行康夫・北原貞輔共編著『環境経営論』税務経理協会(1999))より．

名古屋市のごみの受け入れ先である岐阜県の最終処分場がいっぱいになってしまうため、この干潟を一〇年間、最終処分場として使う計画が、市によって一九八〇年代の初めに立てられた(図3-3)。

ところが、ここはシギ・チドリ類の国内有数の飛来地で、ラムサール条約の登録湿地とするよう国際的に勧告されてきたほどの貴重な自然環境である。後のことだが、一九九七年に長崎県諫早湾の干潟が失われてからは、シギ・チドリ類の国内最大の飛来地となった。このため、地元の環境保護団体をはじめ、多くの住民から反対運動が起こった。

市は埋立て予定地の大半を取得した後ごみ処分場計画を作成し、一九九四年一月よりアセスメント手続きを開始した。閣議アセスメントが適用されたが、この事例では名古屋市も愛知県もアセスメント要綱をもっていたため、市長意見形成や知事意見形成にはこれらの手続きも活用された。特に、名古屋市の制度は当時としては先進的で、アセス法における方法書段階に似た手続きがすでにあった。ただし、当時の要綱による制度では方法書に該当する文書の公表後の意見聴取はなかった(現在の条例にはある)。

アセスメントの開始

まず、市の制度が援用され、現況調査計画書(方法書に相当する)の公表から手続きはスタートした。一九九六年一月に現況調査計画書が公表されたが、この段階では、住民意見書の提出はなかった。その後、アセスメント調査が行われ、一九九六年七月に準備書が公表された。これに対しては、住民等から六〇通の意見書が提出された。名古屋市の要綱では、アセス法と同様に意見提出者に制限を設けていないため、海外からの意見書も二〇通含まれていた。これらの意見に対して、市は一九九七年二月に見解書を公表した。

市の見解書に対し地元住民から意見陳述の申し出があり、公聴会が開かれることとなった。公聴会は一九九七年五月に開かれたが、市の十分な応答がないということで紛糾し、七月、八月と結局三回の公聴会が継続して開催された。住民側から見れば「意味ある応答」がなかったのである。だが、市が住民の要求に応えて三回の公聴会を開いたことは評価できる。

そして、一九九六年八月から九八年三月までの一年半ほどの間に市の審査会が開かれて市長意見が形成された。審査会では二つの分科会に分かれて審査が行われ、分科会での議論も合わせると計二五回もの会議がもたれた。この過程で、それまでの日本のアセスメントではあまり見られないことが起こった。準備書の記載内容が大幅に変更されたのである。

NGOの寄与

このプロセスで地元のNGOの活動が大きな意味をもった。とりわけ、「藤前干潟を守る会」が中心的な役割を果たした。代表の辻淳夫氏は「自分たちは干潟のことはよくわかっているが、アセスメント結果(準備書)は事実と大きく違うと思った。これで科学的といえるのかという疑問が生じた」という。そして、干潟の浄化能力について専門家の協力を得て調べた。NGOの提供した情報は審査会での議論を動かした。また、審査会メンバーの専門家としての判断、とりわけ野鳥の専門家の議論が大きな意味をもった。審査会自体は非公開であったが、世論の関心も高まり、途中から審議結果を毎回、記者発表するようになった。公開性が高まったわけである。

この結果、一九九八年三月に終了した市の審査会での結論は、準備書での「自然環境への影響は少ない」を「自然環境への影響が明らか」へと変えるものであった。これは、画期的なことである。市の審査会の結果が市長意見を形成し、これを受けた県の審査会でも同様の判断が下された。埋立て事業による自然環境への影響を認めたのである。

八月に発表された評価書では、準備書を修正して「影響が明らか」となった。これは異例なことである。従来のアセスメントでは結果が最初からあり、それに合わせるだけの「アワセメント」だとして批判される場合が多かった。しかし、藤前の場合は違った。名古屋市の審査会が適切に機能したといえる。

計画の変更へ

しかし、この段階では、アセスメント結果は十分に尊重されなかった。市は藤前干潟という貴重な自然環境への影響は認めたが、ごみによる埋立てはやむをえないとして計画は変えなかった。その代わりに、市は代償措置として埋立て予定地の南側に隣接して人工干潟を造成しようと提案した。そして、一〇月初めに市議会が埋立て申請を議決してしまった。これに対し埋立て代替地の検討を求める声が強くなり、国政レベルでも取り上げられるようになった。国会議員もこの問題に注目し、超党派の議員が現地を訪問し、行政と住民、両者の言い分を公平に聞いた。

この問題は国際的にも注目された。名古屋市の審査会で「影響が明らか」と判断された時点で計画変更を求める声が大きくなったが、市は応じなかった。そこで、国際的にも批判の声があがった。例えば、ＩＡＩＡ（国際影響評価学会）の有志は四月にニュージーランドのクライストチャーチで開かれた世界大会で勧告を出し、適切なアセスメントの実施を求めた。環境庁はこれを重く受け止めるとし、その後、特別研究会を設け人工干潟の可能性を検討し、その可能性が低いことから、一二月に人工干潟を否定した。

このアセスメントは閣議アセスメントに基づく手続きである。藤前干潟のアセスメント手続きにおいては、主務大臣からの意見提出要請がなかったため、環境庁長官は意見を出していない。閣議アセスメントの後、次の公有水面埋立法に基づく手続きに入るところで、環境庁長官は非公式ながら意見を出すことができた。これは、公有水面埋立て申請の段階では、当時は環境庁長官の意見が求められる仕組みになっていたからである。

環境庁長官の意見は人工干潟の可能性を明確に否定するものであったため、埋立て事業の許認可権者である運輸大臣は埋立ての許可はできないとし、その代わりに県がこの問題の解決に協力するよう要請した。結局、市は一九九九年一月に埋立てを断念した。藤前干潟の保全は環境政策の一つの転換点を示すできごとである。このアセスメントのプロセスでは、アセス法と類似の機能が果たされた。

藤前干潟アセスメントから学ぶこと

この事例から、以下の四点を学ぶことができる。

第一に、アセスメント結果が尊重されたことである。閣議アセスメントの枠組みでは環境庁長官の意見が出せることはめったになかったが、この事例では、次の段階で公有水面埋立て申請があったため、環境庁長官は自主的に意見を表明し、当時の運輸大臣はこの意見を尊重した。これには、環境基本法の制定により環境保全が国の基本方針となったことも要因となった。

アセス法では環境大臣がどの案件にも意見を出せ、事業所管省庁はこれを尊重することが規定されている。すなわち、事業実施については事業ごとに個別法による規定があるが、それらの諸条件を満たしていても、アセスメント結果が不十分であれば、事業の主務大臣はそのまま許認可を下すことはできない。アセスメント結果を十分に反映した事業計画とすることが求められ、ときには藤前干潟の例のように、事業の中止ということも生じうるのである。

第二に、審査会の重要性が明確になったことである。環境庁長官意見の根拠は評価書だが、評価書の内容が「自然環境への影響が明らか」となったのは、審査会での慎重な審査の結果である。

審査会が適切に機能すれば、アセスメントは環境保全に大きな力を発揮する。そのための基本条件は、審査会委員の適切な人選である。名古屋市の場合、審査案件によっては特別委員を追加でき、この事例では野鳥の専門家三名が委員として追加され、これら委員の役割が大きかった。特に名古屋市の制度では独任制といって、個々の専門家の意見が尊重され、単なる多数決による判断はされない仕組みになっている。

第三に、透明性の高いプロセスの必要性である。アセスメント審査会は従来、非公開で行われるものが多く、名古屋市でも当初は非公開だったが、途中から毎回、議論の要旨が記者発表された。これにより、事実に基づかないような、おかしな議論はできなくなり、住民等の意見も無視できなくなった。そして、二〇〇一年の情報公開法の施行もあって、現在ではほとんどの自治体の審査会が公開となっている。

第四に、ＮＧＯの役割が明確になったことである。地元のＮＧＯ「藤前干潟を守る会」が大きな役割を果たした。干潟の自然環境の価値に関する基本情報をＮＧＯが提供し、それが審査会の議論で参照され、市による追加調査につながった。アセス法では環境保全の観点から住民意見の積極的な聴取を規定している。このため、閣議アセスメントでは意見聴取の範囲を関係

図 3-4　環境国際誌 *Built Environment* の表紙を飾った藤前干潟.

地域住民に限定していたが、名古屋市はこれを撤廃した。その結果、前述のように海外からも多数の意見が寄せられた。

ごみ問題に取り組む

藤前干潟の事例では、アセスメントの結果、ごみ問題に直面する名古屋市は苦渋の決断を下したことになる。埋立て計画の断念後、当時の松原武久市長はごみ非常事態宣言を出して、ごみの減量化に努めた。その結果、市民や地元の産業界から積極的な協力が得られ、わずか二年間で二三%もの減量に成功した。人々は生活と生産の行動様式を見直し、ごみの出し方を変えた。まさに、人間活動の管理が行われたのである。名古屋市は今ではごみ対策の先進自治体として知られるようになり、全国の自治体が見学に来るような状態になった。適切なアセスメントの実施は、名古屋市を持続可能な方向に変えていくこととなった。

藤前干潟は埋立て中止の三年後の二〇〇二年に、スペインのバレンシアで開催されたラムサール条約第八回締約国会議において、ラムサール条約の登録湿地として認められた。世界的にもきわめて価値の高い湿地であることが確認されたわけである。筆者は、この締約国会議に合わせてバレンシアで開かれたＩＡＩＡの理事会に参加したため、「藤前干潟を守る会」代表の辻敦夫氏や、環境省の関係者らと現地で祝杯をあげることができた。

名古屋市が藤前干潟を守ったことは世界に知られるようになり(図3-4)、このことによって二〇〇五年の愛知万博でもよい方向に進み、万博の特別会場として藤前干潟が展示された。それだけではない。これらの活動は国際的に高く評価され、二〇一〇年一〇月には生物多様性条約第一〇回締約国会議(ＣＯＰ10)が名古屋市で開催された。環境保全は経済的にも大きなメリットを生むことがわかる。

このように、環境アセスメントの適切な実施は、社会をよい方向に進める力となる。適切なアセスメントは持続可能な社会づくりに資するものだが、残念ながら藤前のような事例は、まだきわめてまれである。それは、日本のアセスメントが、あるべき姿になっていないからである。次章では、あるべきアセスメントとはどのようなものかを考える。

第4章　あるべき仕組み

環境アセスメントは環境配慮のための手段だが、それは第3章で述べたように、あくまでも事業者の自主的な判断を支援するための手続きである。その自主的な判断において、社会への説明責任を果たすことを助けるのが環境アセスメントである。それでは、環境アセスメントの仕組みはどうあるべきだろうか。本章では日本の環境アセスメントを点検していく。

1　十分なコミュニケーション

参加と意思決定

合理的で公正な判断のための要件は、科学性と民主性である。環境への影響がどの程度あるかは調べてみないとわからない。したがって、科学的な方法では、まず簡単に調べてみるという立場を取る。そして、その調べ方が重要である。専門家に任せたから大丈夫というわけにはいかない。少なくとも民主主義社会においては、結果の検証可能性がなければ人々は納得しないだろう。クロスチェックが可能なようにしておかなければならない。これは、プロセスの透明性の保障ということである。

そして、物事の判断には、科学だけではできない部分も多いということもすでに述べてきた。プロセスの透明性は科学的な検証のために必要なだけではない。これは、同時に公衆の多様な意見がどのように把握され、それがどのように判断に生かされたかを確認することを可能にする。だから、参加と情報公開が不可欠となる。

社会の意思決定は、それぞれの組織で公式の手順が決まっている。日本は法治国家だから公的な意思決定の手続きは法律で定められている。したがって、その手続きにそって意思決定はされるが、そのプロセスで人々の意見がどう反映されるかが、民主主義社会の重要な条件である。参加はそのために求められるが、公的な意思決定過程と参加の場とは同じものではない。前章でも紹介したアメリカのアーンスタインは、都市計画分野における参加の問題を扱い、市民が最終的にはすべての権力をもつことを想定して参加の八段梯子モデルを提示した。これは公民権運動が盛り上がった一九六〇年代のアメリカ社会を背景に出てきたモデルである。だが、その後の展開はどうだったか。やはり、公的主体と市民には役割分担の違いがあることが示されている。

筆者は、社会システムのあり方に関しては、公衆参加と、国や自治体による公的な意思決定過程とは並列するものと考えている(図4-1)。すなわち、参加の場では公衆の意思形成がなさ

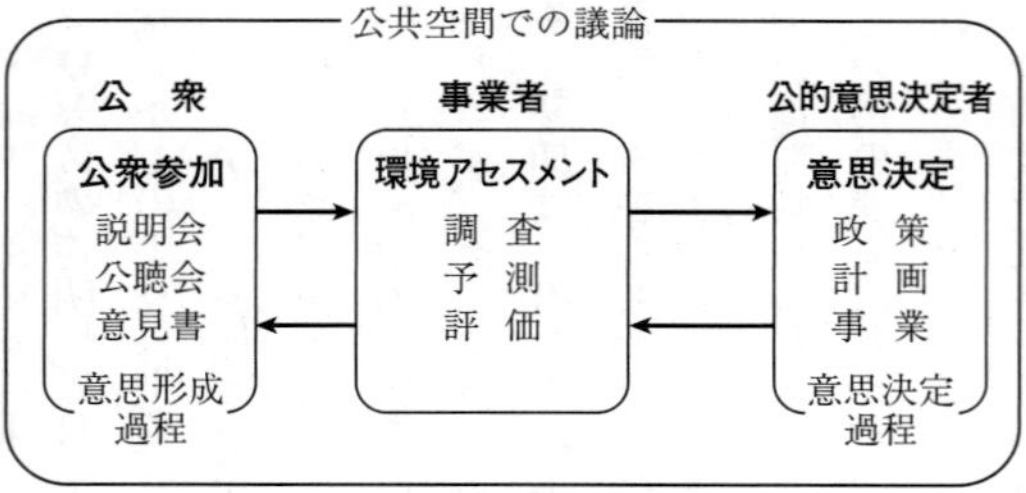

図 4-1　公衆参加と公的な意思決定過程の関係.

れるが、これは最終的な意思決定ではない。公的主体であれば、その意思決定はあくまでも議会や行政の長などの意思決定者により公式手続きを経て行われる。あるいは民間企業であれば、その組織の長が社内手続きに従い意思決定をする。

「意味ある応答」の重要性

この整理のもと提示したのが筆者の公衆参加の五段階モデルである。第3章で述べたように、レベル5のパートナーシップでは、公衆と事業者が同等の権利をもつが、責任も同等になるから、これが実現する状況は限られている。レベル4までは、図3-2(一〇四ページ参照)で示したように、参加の場では公衆の意思形成までがなされ、それを意思決定にどう反映させるかは事業者の判断による。したがって、公衆に対する事業者の「意味ある応答」が重要になる。

アセスメントは、公衆参加の場と事業者の意思決定とをつなぐもので、その機能は両者の間のコミュニケーションを円滑に

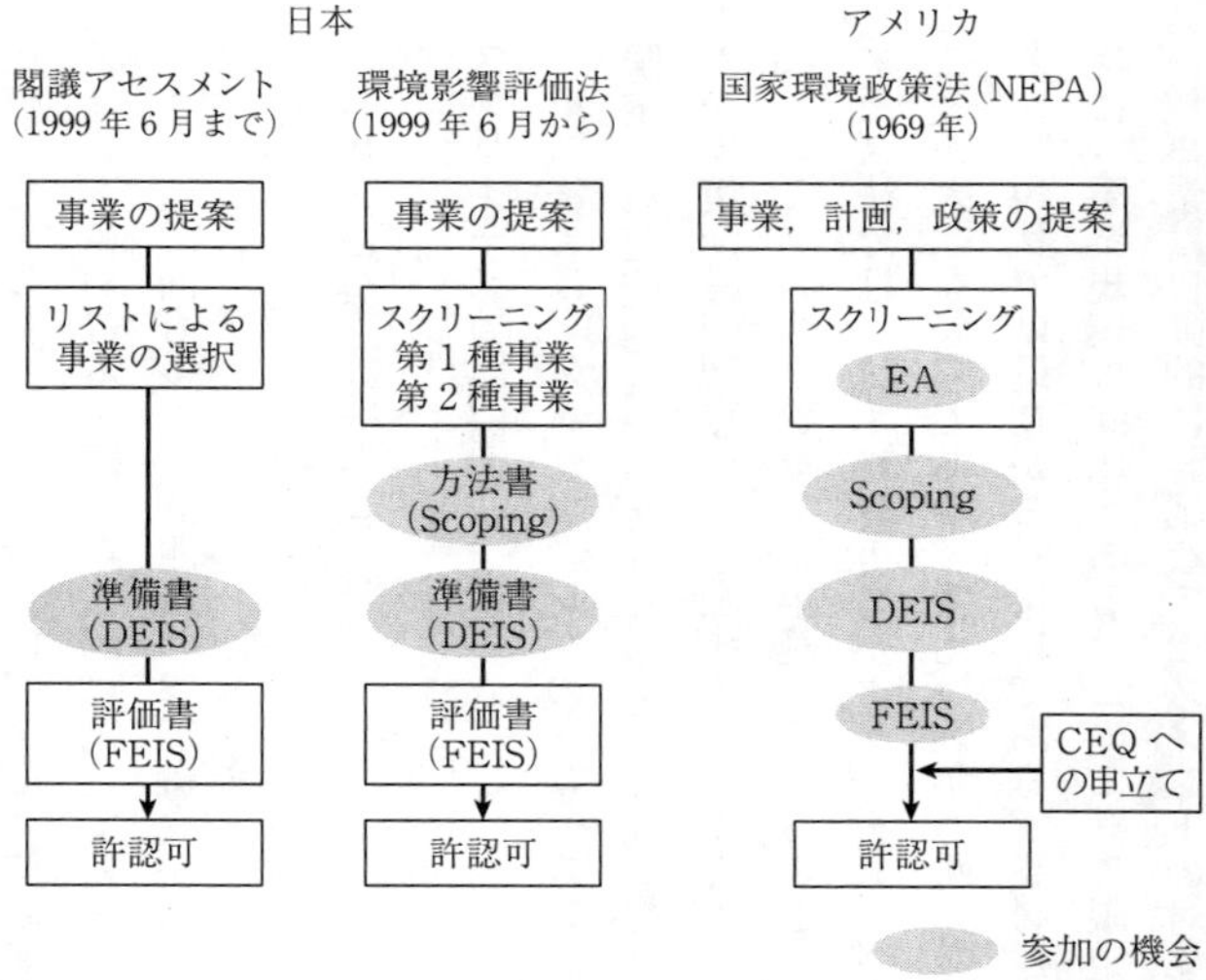

図4-2　国レベルのアセスメント制度の日米比較.

することにある。その意味で、アセスメントとはコミュニケーションである。事業者が住民の疑問や質問に対して「意味ある応答」をしなければ、コミュニケーションにはならない。

だが、日本の環境アセスメントはこの点で、まだ不備が多く、世界の水準からはかなり遅れているといわざるをえない。特に、経済先進国のなかでは、残念ながら最も遅れている。それは、序章で示したように、日本のアセスメントの実施件数が極端に少ないことに端的に表われている。そして、あるべきアセスメントとはまず、この問題を克服するものでなければならない。

図4-2は日米のアセスメント制度

を比較したものだ。参加の機会は、アセス法で新たに方法書段階が加えられたことで、閣議アセスメントにおける一回から二回に増えている。しかし、アメリカのNEPAアセスメントでは、さらに二回も多く、計四回の参加機会がある。

2　対象の拡大を

スクリーニングの問題

アセス法では、スクリーニングのプロセスも加えられた。だが、これは左記のようにきわめて限定された範囲内でのスクリーニングであり、すべてを対象として始めるものではない。人々が環境配慮の観点から心配する事業や計画を最初からアセスメント対象にしないというのでは、コミュニケーションを拒絶していることになる。

アセス法では、まず対象事業が表2-2(七三ページ参照)に示した一三事業種に限定されていることが大きな欠陥である。例えば近年、風力発電施設のアセスメントの必要性が議論されているが、現状では最初から対象外である。高層建築物もアセス法の対象ではない。

次に、事業規模の問題がある。このように限定された一三種類の事業に対し、規模の巨大な第一種事業は自動的に詳細なアセスメントの対象となる。これに準ずる規模の第二種事業は、詳細なアセスメントを行うか否かをスクリーニングすることになっているが、第二種事業でも国際標準からみれば巨大である。そのため、アセス法が施行されて一〇年以上の実績では、すべての事業が詳細なアセスメントを行っており、スクリーニングの機能が果たされていない。

人々が心配する事業なら、まず、簡単にチェックしてみるのが普通のやり方である。なぜなら、規模の大きな事業は環境への影響も大きそうだが、小さければ大丈夫だとは限らない。例えば、微生物を扱う研究は住宅程度の大きさの施設でも可能だが、環境への影響の大きさは小さいとはいえない。逆に巨大な事業でも、環境への影響は少ない場合もあるかもしれない。すでにできあがっている干拓地で農業を行う場合は広大な面積が必要だが、通常の方法で農業を行うのであれば、他の地域での経験から、大きな環境影響はないといえるかもしれない。

NEPAアセスメントのスクリーニング

では、世界のアセスメントでは、スクリーニングはどうなっているか。アメリカのNEPAアセスメントでは、まず簡便な環境調査、EA(Environmental Assessment)を行う(図4-2)。そこで問題がないと判断されれば、この段階でアセスメントは終了する。そして、さらに検討が必要だと判断された場合だけ、日本のような詳細なアセスメントが行われる。その結果、詳細なアセスメントの実施件数は、毎年二〇〇～二五〇件程度で、全体の〇・〇五%ほどにしかすぎない。すなわち、九九・五％は簡易アセスメントで終わっているのである。

この二段階で進めるというところに大きな意味がある。他の先進諸国はいずれも類似の考え方をしている。誰が見ても明らかに環境影響がないものはアセスメント対象からはずしてよいが、少しでも環境影響のおそれがあると思われれば、まずチェックをしてみる。これが、世界の多くの国でのアセスメントの基本的な考え方である。

国際協力事業アセスメントでのスクリーニング

実は日本でも、国際協力分野でのアセスメントは、世界各国のものと同様の形でスクリーニングが行われている。

例えば、国際協力機構（新ＪＩＣＡ）がそうなっている。新ＪＩＣＡでは、事業のすべてがアセスメント対象になりうるという考え方で、環境社会配慮の手続きを始める（国際協力分野のアセスメントでは評価の範囲が広く、環境影響だけでなく住民移転問題などの社会影響も対象とするので、環境社会配慮という言葉が使われる）。

その考え方のポイントは、明らかに影響がないと思われるもの以外は調べてみることである。まず、すべての援助事業を環境社会影響の大きさを大まかに見積って、Ａ、Ｂ、Ｃの三つのカテゴリーに分類する（新ＪＩＣＡはこのほかにＦＩという分類があるが、本稿の議論では省く）。Ａは影響が大きいと思われるもので詳細なアセスメントを行い、Bはこれに準ずるもので簡便なアセスメントを行う。Cは明らかに影響のないもので、アセスメントは不要である。

これは、世界銀行やアジア開発銀行など、国際機関の環境社会配慮システムと同様のものである。また、ODAを担当する新JICAだけでなく、民間ベースの国際協力を支援する国際協力銀行(JBIC)、日本貿易保険(NEXI)、日本貿易振興機構(JETRO)もみな同様のシステムである。日本でも国際協力の分野では、世界標準の方法がとられているのである。

簡易アセスメントの導入を

このような国際的な状況も踏まえて筆者は提案する。アセス法であれば、国が何らかの形で関与する事業で、明らかに環境影響がないと思われるもの以外は、まず簡易アセスメントを行うこととする。そのうえで、詳細なアセスメントが必要なものを絞り込むという手順である。詳細なアセスメントを行うか否かは、簡易アセスメントの結果を見て判断する。どんなに巨大な事業でも、簡易アセスメントの結果、あまり大きな影響がないとなればそれで大丈夫。それ以上、詳細なアセスメントはやる必要がない。

二〇〇九～一〇年に大問題となった沖縄県辺野古の米軍基地移設のような問題でも、まず三～四か月程度の簡易アセスメントをやってみるのである。その結果、環境に十分配慮した計画であるとなれば、それ以上のアセスメントは不要となる。つまり、環境に積極的に配慮する事業者であれば、アセスメントの負担はきわめて軽くなるのである。これが、簡易アセスメントを行ってスクリーニングをするシステムのメリットである。

簡易アセスメントが導入されれば、辺野古の場合も様子は大きく変わるだろう。例えば、沖縄以外で自然環境への影響の少ない場所が代替案として検討されたとして、その結果、影響が軽微だとなれば、簡易アセスメント段階で終わるかもしれない。しかし、現行のアセス法のもとでは一～二年はかかるので、アセスメント自体に踏み込もうとしないというおかしなことが生じている。

環境配慮の累積効果

簡易アセスメントの導入による利点は、直接的には以下の二点がある。

第一に、いわゆる「アセス逃れ」をなくすことができる。この「アセス逃れ」とは、詳細なアセスメントを逃れることである。対象事業を規模により定めれば、その規定の下限に近い大きさの事業を計画する主体には、規模を若干小さくしてアセスメントを逃れようとする気持ちが生まれる。これは、経済的な観点からは合理的な対応である。現在の対象事業規模の規定が巨大すぎることは述べたが、いくら引き下げたとしても同じであろう。また環境影響の大きさが事業規模だけでは予測できないこともすでに述べた。

そこで、単純に規模により判断するのではなく、まず簡易アセスメントを実施することで、簡単なチェックをすることから始めれば、「アセス逃れ」はできなくなる。逆にきわめて大きな規模の事業であっても、十分な環境配慮がされていれば、三か月程度の簡易アセスメントだけで終了するから、事業者にとってのメリットは大きい。

第二に、幅広くアセスメントが行われることにより、環境配慮の累積効果が生ずる。大気や水などの汚染物質の排出量の削減は、特定の少数の事業だけで行っても環境改善上の効果は大きくない。だが、すべての開発行為で自主的な削減が行われれば、どうだろう。その累積効果は大きい。特に、気候変動対策としての温室効果ガスの削減は、簡易アセスメントにより毎年数万件もの事業で自主的に削減がなされれば、その累積的効果は絶大である。

この簡易アセスメントとはどのようなものか。ここで具体例を示そう。

簡易アセスメントの実際

筆者の勤務する東京工業大学の高層建築物計画で、簡易アセスメントを実践した(図4-3)。横浜市北部の、すずかけ台キャンパスでの例である。二〇一〇年二月から五月にかけてのわずか四か月あまりで終了し、計画は予定通りスムーズに進行した。

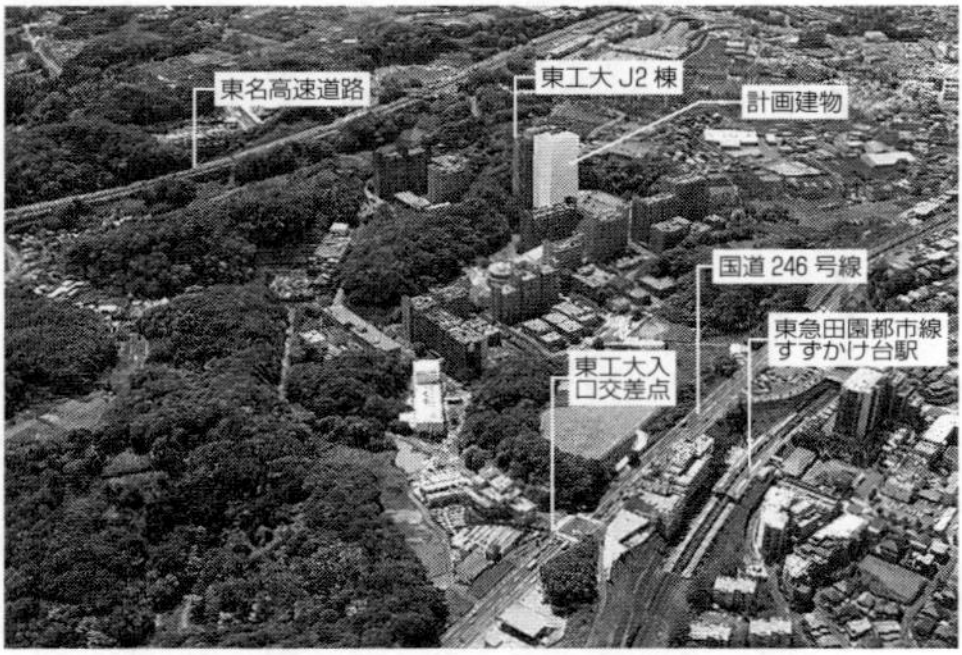

スコーピング	1. 22	説明会及び意見交換会の周知を開始
	2. 9	説明会及び意見交換会配付資料(方法書(案))のウェブ掲載/意見書受付け開始
	2. 12	第1回説明会及び意見交換会(事業概要・評価項目案の説明, 意見交換)
	2. 19	第2回意見交換会(評価項目の絞り込み, 調査方法の検討)
	2. 24	意見書受付け終了
	3. 1	審査会(方法書(案)を審査し評価項目・方法を決定)
	3. 2	方法書を公表・縦覧開始
準備書	3. 10	準備書の公表予定の周知
	3. 31	準備書の公表・縦覧開始/準備書の意見書受付け開始
	4. 14	説明会及び意見交換会の実施
	4. 21	意見書受付け終了
評価書	4. 28	評価書(案)の作成・公表/審査会(評価書(案)の審査)
	5. 28	評価書の公表

図 4-3 高層建築物計画における簡易アセスの事例. 東京工業大学すずかけ台キャンパス(神奈川県横浜市緑区, 2010 年).

この事例の建築物は二〇階建ての教育研究用の建物であり、現行の制度ではアセスメントの対象にはならない。しかし、横浜市から十分な環境配慮をするように求められたため、筆者の提案で自主的に簡易アセスメントを行うことにした。この建物は緑豊かなキャンパスのなかに建設されるが、既存の二〇階建ての建物の増築に当たるもので、すでに基礎はできあがっていた。したがって、環境影響がそれほど大きくなるとは考えにくい状況ではあった。

この間に、方法書、準備書、評価書の三つの文書を作成し、公表した。方法書段階と準備書段階が住民参加の機会であり、この事例での手続きは基本的にアセス法と同様とした。だが、簡易アセスメントでは既存資料を使うことを原則とするため、アセスメント調査の期間は大幅に短縮でき、費用も大きく縮減できた。

まず、予測・評価の項目を絞り込む、スコーピングが重要である。方法書段階でスコーピング会議を二回開き、予測評価項目を四つに絞り込んだ。予測評価もコンピュータを活用して簡便な方法を用いた。その結果、きわめて短期間で終了することができた。費用も六〇〇万円弱で、四〇億円を超える事業予算の〇・一五%ほどにすぎなかった。

短い期間であったとはいえ、方法書段階は丁寧に行われた。一月九日に方法書(案)を公表し、その説明会を一月一二日に開催した。このときは同時に意見交換会の場ともし、一月一九日には二回目の意見交換会を行って意見書を受け付けた。その結果、評価項目を電波障害、日照阻害、風害、景観の四つに絞り込むことができ、方法書の確定版を三月二日に公表した。準備書は三月三一日に公表し、その説明会及び意見交換会を開催し、意見書を受け付けた。評価書(案)を作成・公表したのは四月二八日、評価書は五月二八日に公表された。

この間、方法書の確定と評価書の確定では審査会による審査を行っている。簡易アセスメントなので審査会を設けず、より簡便に行うことも考えられるが、今回は大学における実験的な試みでもあったので、審査の適切性を確保するために外部専門家による審査会を設置した。審査会のメンバーにはアセスメント分野で著名な専門家八名が選ばれた。

このような短期間で終了できたのは、情報公開を積極的に行い、参加の場でも極力「意味ある応答」をするよう努めた結果である。特に、情報公開ではアセスメント文書すべてを大学のウェブサイトで公表したことが、効果があった。しかも、ホームページのトップで周知させた。また、意見交換会では、その場で答えられないことは持ち帰り、次の会合で説明した。

以上は、簡易アセスメントの一例にすぎない。大学の施設で既存の建物もあり、条件は悪くなかったともいえる。しかし、地域社会とのコミュニケーションの促進ということを考えれば、十分に意義のあることである。多くの企業がCSR(企業の社会的責任)をうたっているが、このような簡易アセスメントはその具体例であり、費用対効果のよいCSRではないだろうか。

3　スコーピングの重要性

前節の事例でわかるように、簡易アセスメントでは検討範囲を絞り込むスコーピングがきわめて重要である。

詳細なアセスメントを行う場合にも、スコーピングは重要である。検討するさまざまな事項について、その範囲を絞り込む。検討範囲とは、事業者がアセスメントにおいて社会に提供する情報の範囲ということでもある。具体的には、比較検討する複数の事業計画案と、予測評価項目、そして、調査・予測・評価の方法を絞り込む。

方法書段階の改善

アセス法では、方法書段階がスコーピングに対応する。だが、現在の方法書段階の進め方は本来のスコーピングとは異なっている。アセス法の手続きでは、方法書に対し住民は意見書により意見を出す。方法書はアセスメント方法の原案なので、地域住民等との意見のやり取りが重要である。だが、文書のやり取りだけでは十分な意見交換はできない。また、これは案のはずなのだが、日本では方法がほぼ固まってから公表されるので、開始が遅すぎるという問題もある。

あるべきアセスメントでは、柔軟に対応できる早期の段階に、できるだけ簡潔な方法書を作成し公表するのでなければならない。ポイントは、事業計画が固まる前の段階から開始して、ダイナミックな絞り込みのプロセスにすることである。そこで、意見書を受け付けるだけでなく意見交換会のような会議の場を積極的に設けることが必要である。

スコーピング会議

スコーピングのプロセスは、社会に開かれた形でなければならない。そこで、欧米のアセスメント先進国では通常、スコーピングのための会議を開き、会議形式による絞り込み作業を行う。地域住民等のステークホルダーが問題とするような案件では、数回の会議が開かれることもあるが、あまり問題のない場合は開かれないことや、一回だけということもある。

スコーピング会議を始めるには、事業原案の記述は簡潔でよい。むしろ、簡潔なほうが望ましい。代替案も代表的なものを示すにとどめる。まだ事業計画の内容が固まっていない段階から始めることが要点である。このため、オランダなどでは、これを議論の最初のきっかけにするという意味で、「イニシャル・ノート」と呼んでいる。実際、欧米の環境先進国の例では、非常に簡単な数ページのパンフレットの配布から始まる。

このような考え方で方法書段階をスタートし、住民参加による議論の場を設けることが必要である。十分な議論を行い、絞り込んだ後で、方法書の確定版を作成し、それを公表するというのがあるべきプロセスである。アセス法のもとでは、方法書の確定版の公表は義務づけられていないが、これでは「意味ある応答」にはならない。

日本では、計画の早期段階から情報を公開し住民に参加を求めるという経験は少ないので、本来の形のスコーピングは、ほとんど行われていない。アセスメントの趣旨からすれば、スコーピング会議を開き早期からの住民参加を求めることが、よりよいアセスメントにつながる。

スコーピングにおける絞り込み作業はどのように進むか。第一に、比較検討する代替案を絞り込む。このためには発散と収束の過程が必要である。すなわち、比較検討するべき案は原案を出発点にして、まずは考えられる限りさまざまな代替案を出してゆく。多数の案が出たところで、今度は比較検討すべき案を絞り込んでいく。代替案は、考え方が明確に異なる代表的なものに整理する。代表的な案が数個に絞り込まれれば、アセスメント調査の効率は良くなる。

代替案の検討範囲

アセスメントでの検討範囲は狭すぎれば十分な環境配慮ができないし、広すぎれば作業量が多くなり、必要以上の時間や費用を要することになってしまう。

まず、代替案をどの範囲とするか。これが最も重要であり、範囲の絞り込みには十分な住民参加が必要となる。事業の立地場所、施設の規模や構造、操業のパターンなどの代替案が考えられる。方法書段階で複数の案を列挙しておかないと、調査すべき評価項目も、空間範囲も時間範囲も決めることができない。検討すべき複数案の基本的なものは以下の三種類である。したがって、最低三つ以上の案が検討されなければならない。

(1) 事業者の考える事業原案。
(2) 環境配慮を行った代替案。これは通常複数になる。
(3) ノーアクション(事業を行わない場合)。

予測項目と空間・時間の範囲

次に、予測・評価する項目(例えば、大気質や景観など)をどうするか。必要十分な代替案が列挙されていれば、予測・評価項目の検討に進むことができる。逆に代替案が十分にないと予測・評価項目の選定はできない。あとで詳しく紹介する愛知万博アセスメントの例では、方法書段階で事業者の原案しか記載されていなかったが、アセスメント手続きが進んだ段階でさらに代替案を比較検討する必要が生じた。その結果、追加調査などのために約二年もの余分な時間がかかってしまった。

どのような環境影響が懸念されるかということを明らかにするには、専門家の判断とともに、影響を直接受ける地域住民や、影響の発生を心配する地域住民の意見が重要になる。また、生態系への影響などは地域住民だけでなく、地域内外の専門家やNGO、あるいは国際的NGOなどの意見も重要である。予測・評価の項目が絞り込まれれば、それらの項目の調査・予測・評価の方法について検討し、適切な方法を決めることが可能となる。

調査・予測・評価に関しては、その方法とともに、それらを適用する空間と時間の範囲を設定しなければならない。

検討すべき代替案が決まると、空間的な影響範囲を規定することが可能となる。これは、環境影響の範囲としてどの程度の広がりを考えればよいかを検討することである。各種の影響が及ぶ範囲をどこまで考えるかで空間範囲が設定できる。時間については通常、施設建設の工事中と供用時とを対象とする。供用時については、施設の耐用年数が終了するまでの期間を考えなければならない。

最近では施設のライフサイクル全体、すなわち施設の建設から解体までの全期間を対象としてアセスメントを行うことも考えられるようになってきた。ライフサイクル・アセスメントの考え方である。

なお、ダイオキシンや重金属などの有害物質の場合は、その影響が長期にわたることから、施設の寿命以上の時間範囲を考えなければならない。原子力発電所のように放射性物質の処理が対象となる場合には、長期にわたる時間範囲を対象としたアセスメントが必要となる。

方法書前の事前調査の禁止

日本のスコーピングでは、もう一つ改善すべき点がある。それは、方法書段階に入る前の調査の禁止である。事業者は事業の詳細設計のために必要だとして先行的にボーリング調査を行ったり、いずれアセスメント調査で必要になるとして自然環境調査を行ったりする。しかし、これはできるだけ早期段階からの環境配慮を行うという、環境アセスメントの趣旨からするときわめておかしなことである。事前調査は、これからアセスメントを行おうとする場所の自然環境を破壊しかねない。これではその環境の価値を評価することなどできない。これは、科学的な検討を阻害する行為である。

例えば、愛知万博アセスメントでは、工事のために必要だとして、予定地となっていた里山でボーリング調査を行った。これではオオタカなど希少な動物がいたとしても逃げてしまうから、アセスメント調査をする意味がなくなってしまう。このようなことが起こる可能性があるため、アセスメントの事前調査は、明確に禁止するべきである。

4　代替案の比較検討

アメリカなど先進諸国では、アセスメントの核心は代替案分析であるとされ、NEPAの解説には、このことが明記されている。

日本では、従来は社会に開かれた分析のプロセスという概念は乏しく、そのために必要な情報公開も十分には行われてこなかった。しかし、アセス法ができたことにより、大規模事業の計画においては状況が少しずつ変わってきた。アセス法により、事業の計画段階から情報を公開して住民等の意見を求める手続きが定められたからである。アセス法が適用され一〇年が経過した二〇〇九年時点での環境省の調査によれば、八割ほどの法アセスメントで何らかの形で複数案の比較検討が行われていた。このように、日本でもアセスメントの準備書段階では、代替案検討が行われることがしだいに増えてきた。

代替案は代替地ではない

だが、事業者の抵抗はまだ大きいようである。その理由の一つは、代替案というと代替地、すなわち、立地の代替案を考えることだと誤解されるためである。アメリカなどと違い、土地制約の強い日本では無理だといわれるが、代替案とは立地についてのものだけではない。立地点を変えなくても、事業計画の内容の違いによる代替案が検討できる。アセス法では、代替地と混同されないために「複数案」という表現を使っているが、これは同じことを意味している。

検討すべき複数案は、上述のように(1)事業者の考える事業原案、(2)環境配慮を行った代替案、(3)ノーアクションの三種類である。これらのうち、(1)は事業者の実施したい事業であり、アメリカでは提案事業という表現が使われる。(2)は環境影響のどのような側面をどれだけ緩和するかによりさまざまな代替案が考えられるので、通常は複数になる。(3)は事業を行わない場合を想定したもので、ゼロオプションともいわれる。

(3)は従来、日本ではほとんど検討対象にされてこなかった。事業アセスメントではノーアクションを考えるのはむずかしいかもしれない。その事業の実施がすでに上位計画などで決まっている場合が多いからである。しかし、事業よりも上位の計画や、さらに前の政策の意思決定段階でのアセスメントであれば、事業実施は決まっていないから可能である。

評価の指標

代替案の比較検討のためには、まず、どのように評価するか、すなわち評価の枠組みをどう設定するかが重要である。

アセス法における環境影響の評価は、「環境影響をいかに回避・低減したか」という観点から行われる。そのためには、単一の事業計画案だけを評価したのではうまくいかない。事業者にはその計画案がどういう点で好ましいかを説明する責任がある。環境配慮についてのアカウンタビリティである。これを満たす最も効果的な方法は、事業計画の原案と、環境配慮した場合のさまざまな代替案を比較検討することである。

代替案の比較検討の根拠は、アセス法の第一四条(準備書の作成)で定められている。そして、アセス法運用の基本的な事柄を定めた「基本的事項」において、このことが「複数案の比較検討」という表現で推奨されている。これらの代替案を順位づけするには、何らかの形での相対評価が必要である。

アセス法の枠組みでは、環境影響の回避・低減が求められるので相対評価が基本だが、これは、環境基準や排出基準などにおける絶対基準での評価をクリアしたうえでのことである。

評価する項目は、大気質や水質などの自然環境関係項目のように定量的に示されるものと、景観や、希少な動植物、生態系のように定性的に示されるものがある。これらは評価指標と呼ばれる。評価指標は、何らかの評価基準に照らして評価することになるので、この評価基準をいかに設定するかが問題となる。一部の項目については、何らかの基準が設定されている。

例えば、大気質、水質の一部と騒音には、環境基準が設定されている。また、事業によっては関係法令等で汚染物質の排出基準が設定されているものもある。さらに、国としての基準はなくても、都道府県などの自治体の公害防止条例や地域環境管理計画などにより、目標値が設定されている場合もある。これらも評価基準となる。こういった基準は時代とともに改正されたり、新たな項目が追加されたりするので、評価のためには常に最新の情報を確認しておく必要がある。

総合的な評価の方法

定量的評価と定性的評価の両方がありうる評価項目をまとめて総合的に評価するにはどうしたらよいか。

アセスメントにおける評価の目的は、複数の代替案の順位づけをすることである。日本では、代替案の評価は、アセス法ができてから一般的になったため、まだ経験が少ない。代替案評価の経験が豊かな欧米でも、定量的評価と定性的評価、どちらを用いるかについては違いがある。アメリカは定量的な評価を好むようだが、イギリスではむしろ定性的な評価が好まれ、定性的な記述を相互に見て代替案の優劣を判断することがよく行われている。

代替案の順位づけには総合評価が不可欠だが、総合評価は定量的な評価だけとは限らない。このような定性的な評価でも構わない。大切なことは代替案の順位づけであり、その根拠を具体的、客観的に示すことである。厳密な定量化よりも、多様な評価項目について総合的に判断をすることが重要である。だが、定性的評価といっても、その背景には定量的な判断がある。これによって相対的な比較がなされる。例えば、景観の場合には「周辺の景観と調和する」などとされる。だが、この「調和する」が、どの程度かが問題である。A案、B案、C案というような複数の代替案を比較検討して、どれが最も調和するかを判断する。このような順位づけは、その背景に定量的な判断があるからできるのである。

なお、景観のような主観的な要素の強い項目の場合、誰が判断するかも重要な問題である。専門家の評価だけに依存してよいものかの問題がある。地域にふさわしいか否かというようなことになると、専門家の判断だけでなく地域住民の判断も反映されなければならない。

5　愛知万博アセスメント

日本でも現在ではしだいに説明責任が問われるようになり、代替案の検討が強く求められるようになってきた。しかし、アセス法の適用事例では、明確な違いのある代替案を比較検討したものは少ない。アセス法施行前にこの法の趣旨にそった先進的な試みがなされたので、その事例を紹介する。それは、二〇〇五年日本国際博覧会、いわゆる愛知万博のアセスメントである。

このアセスメントでは、当初は準備書において形だけの代替案が示されたにすぎなかったが、アセスメントのプロセスを通じて結果的に三つの代替案が比較検討された。

博覧会事業はアセス法の対象ではないが、愛知万博は環境万博として提案され開催を認められたので、十分な環境配慮を行うためにアセスメントが実施された。しかも、アセス法が制定された一九九七年にアセスメントの準備を始めたことから、アセス法に準じた手続きが取られた。

これは、アセス法の試行であるともいわれた事例で、当時としてはかなり新しい試みであった。筆者も、アセスメント手続きを決める段階からアセスメント後のフォローアップまで、専門家として研究会や審査会の一員として深く関与した。

海上の森

当初の会場予定地は、名古屋市の東二〇キロメートルほどに位置する、瀬戸市東南部の里山、「海上《かいしょ》の森」であった(図4-4)。里山を切り開く計画であったため、地元のNGOや住民から大きな反対運動が起こった。この地ではムササビの生息も確認され、シデコブシやモンゴリナラなどの植物、希少なトンボ類といった多様な生き物が地元のNGOなどの調査で指摘された。

一九九八年四月に公表された実施計画書(方法書に相当)に対しては、住民やNGOなどから、海上の森以外の会場計画や、海上の森の一部だけを使う会場計画など複数の代替案を比較検討するよう意見が出された。しかし、方法書には事業者の提案する案だけが記載され、代替案はなかった。準備書には代替案が示されたが、会場計画の土地利用のほんの一部が違うだけのもので、図4-5のスケールで表現するとその差異はわからないという、形だけのものであった。

図 **4-4**　愛知万博の当初の会場予定地「海上の森」(日本自然保護協会提供).

ところが、この準備書公表後に代替案の検討が必要となる事態が生じた。図4-4からも感じられるが、海上の森の自然が、事業者の予想以上に貴重であることが判明したのである。準備書の公表後、地元NGO、日本野鳥の会中部支部の会員により、絶滅危惧種オオタカの営巣が確認された。これにより、事業者は当初案(案Ⅰ)の変更を余儀なくされた。事業者の考えた変更案(案Ⅱ)は、隣接する青少年公園地区も会場予定地に加えた分散会場案である。

準備書は一九九九年二月に公表され、評価書は一〇

案Ⅰ　準備書
（1999 年 2 月）

面積：540 ha（海上の森）
入場予定者数：2500 万人

案Ⅱ　評価書
（1999 年 10 月）

面積：540 ha（海上の森）
220 ha（青少年公園）
入場予定者数：2500 万人

最終案　修正評価書
（2001 年 12 月）

面積：15 ha（海上の森）
158 ha（青少年公園）
入場予定者数：1500 万人

図 4-5　愛知万博アセスメントにおける計画案の変遷．方法書段階で列挙すべき代替案が時系列で作られた．

月に公表された。わずか半年ほどの短期間で計画案が変更されたので、変更案により拡大した青少年公園地区の部分については当然、調査が不十分であった。博覧会計画を担当する当時の通産省が設けた評価書意見検討会（審査会に相当）でも、変更案では環境影響を低減できないと判断された。すなわち、評価書では評価項目ごとに一種の定量的な比較評価が示され、事業者の評価によると案Ⅱで環境影響は削減されるとなっていたが、審査会における慎重な審査の結果、削減は明確でないとされた。また、博覧会国際事務局（ＢＩＥ）も環境配慮が不十分としたため、アセスメント手続きは延長されることになった。

早期に比較検討する利点

この結果、アセスメントが終了するまでに四年もかかってしまった。最終的には案Ⅱが大幅に変更され、青少年公園地区を主会場とする最終案で決着した。アセスメントは通常なら二年以内で終了するものだが、方法書段階で住民等から出された、代替案を記載するようにという意見に事業者が応えなかったことが大きな遅延を招いた。

最初から、図4-5のように、明らかに異なる三つの代替案を比較検討しておけば、その後の展開は大きく変わっていたはずである。方法書段階の審査会において、筆者も委員の一人として方法書への代替案記載が不可欠だと主張したが、事業者の理解は得られなかった。当時は、委員の大多数がこのことを理解していなかったのは残念である。方法書で代替案を複数用意しておき比較検討すれば、必要な基礎調査は準備書段階で終了し、通常のように二年ほどで終わったはずである。

このように、方法書に代替案を列挙しておかないと、手戻り(手順の逆戻り)や追加調査のためアセスメント手続きに手間取ることが生じ、かえって事業者の負担が大きくなる。方法書に代替案を記載することは、事業者にとっても大きなメリットがあるのである。

6　コミュニケーションの促進

地方自治体のアセスメント制度については第2章で略述したが、法アセスメントよりも積極

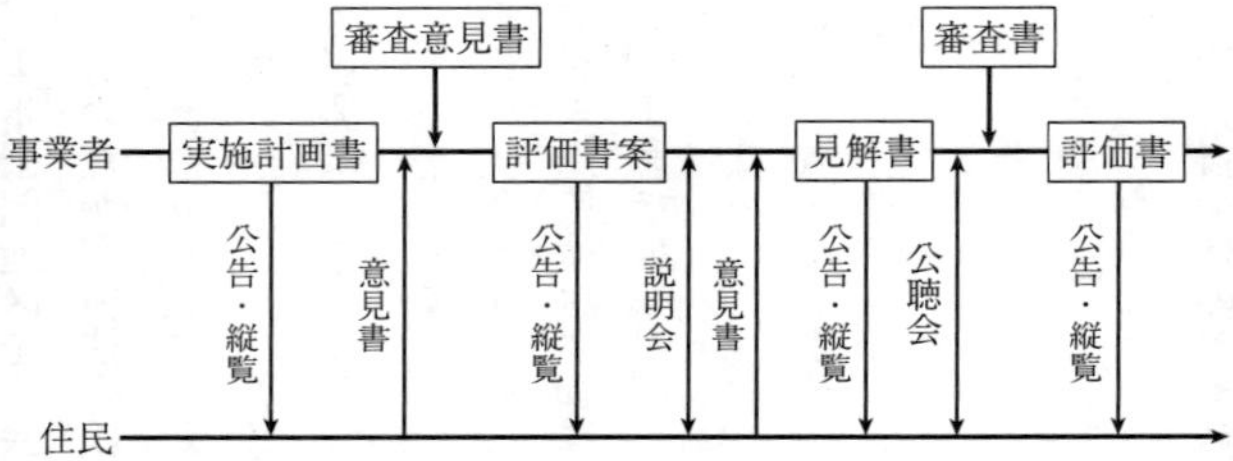

図 4-6　神奈川県の条例アセスメントにおけるプロセス
(1980 年制定，1981 年施行，1999 年修正).

的な住民参加の仕組みが設けられている。「見解書の公表」「公聴会の開催」「審査会の設置」の三つである。これらのうち、「審査会の設置」はすべての自治体で行われている。他の二つの仕組みはどの自治体でも使っているわけではないが、先進的な自治体では積極的に取り入れられている。そのような自治体として、神奈川県と東京都の例を紹介する。

神奈川県の場合

神奈川県では、実施計画書がアセス法の方法書に、評価書案が同じく準備書に相当する（図4-6）。このほか、見解書が公表される。これは、評価書案への意見に対する事業者の見解を評価書の公表前に示すもので、少しでも「意味ある応答」が可能となるための工夫である。同じ趣旨で、見解書の公表後、さらに公衆の意見を直接聞く場として、公聴会が規定されている。これは、住民等から特に求められた場合に県が主催して開かれる。このように神奈川県ではアセス法と違い、評価書の公表前

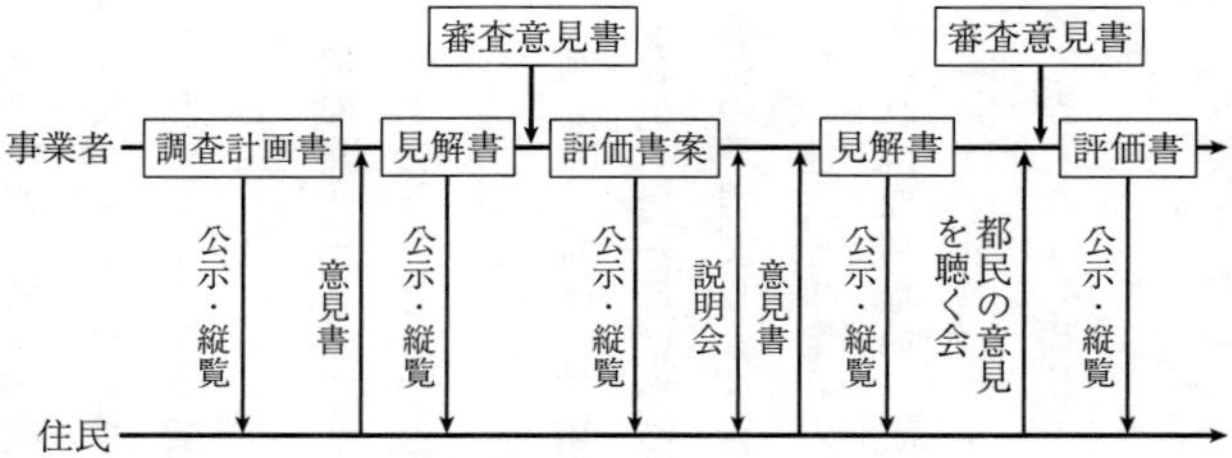

図 4-7　東京都の条例アセスメントにおけるプロセス（1980 年制定，1981 年施行，2002 年改正）．

に二回のフィードバックが行われる。

また、審査会が、評価書案の作成前と、評価書の作成前の二回、それぞれの案の審査を行い、審査の客観性を確保するよう工夫されている。

東京都の場合

東京都では、方法書に相当するものは調査計画書、準備書に相当するものは評価書案である（図 4-7）。見解書は、調査計画書に対する意見を受けた後にも出せるようになっている。ただし、これは必ずというわけではないが、神奈川県よりも一回多く出せる。また、神奈川県と同様に、評価書案に対する意見への見解書を公表した後、公聴会に相当する会議の場を設けることができる。

ただし、東京都の場合は審査会（東京都では審議会と称する）の委員が出席して直接、住民等の意見を聞く形で、双方向の議論も可能なようになっている。通常の公聴会では、意見は各人が口述するだけで双方向の意見交換はないが、東京都の方法は一歩進んだものである。これは審査会での審議に活用するためで、審査会は神奈川県と同様、評価書案作成前と、評価書作成前の二回のタイミングで関与する。

積極的なコミュニケーションを

いずれもアセス法の仕組みよりもかなり丁寧な住民参加のプロセスとなっており、「意味ある応答」がなされる可能性を高めている。事業者の工夫しだいでさまざまな対応が可能である。例えば、前述の愛知万博のアセスメントでは、事業者の自主的な判断で、方法書段階においても説明会と意見交換会(公聴会に相当)が開かれた。その結果、準備書段階での説明会は、事業者の予想よりもスムーズに行われ、自主的に取り組めば効果があることが示された。このように、住民と事業者の情報交流を促進するため、必要に応じて情報のフィードバックを増やさなければならない。説明会や公聴会では時間切れとなってしまう場合が見られるが、会議を複数回開けば議論のやり取りができる。

しかしながら現状では、法で規定された最低限のコミュニケーションしかとらないことが多いのは残念である。

情報公開の課題

コミュニケーションとは主体間の情報交流であり、これに消極的だということは、必要な情報を伝えようとしないことである。第3章3節で述べたように、アセスメントにおいてはまず事業計画に関する情報公開が必要である。環境影響の予測評価が適切に行われたか否かを公衆が判断するためには、さまざまな環境情報の公開も必要となる。そして、情報公開という点で日本があまりよい状況ではなく、いまだにさまざまな抵抗があることもすでに述べた通りである。

一九九九年に情報公開法が制定され、二〇〇一年から施行されており、基本的には国の所有する行政情報は公開されることになっている。しかし、例外的に非公開としうるものとして、六種類が規定された。そのなかには、意思決定過程に関する情報も含まれる。自治体でも国の情報公開法の制定に合わせ、情報公開条例の改正や新たな制定がなされたが、国の制度に準じて、このような例外規定を設けている。

しかし、アセスメントにおいて代替案の比較検討を行うには、意思決定過程に関する情報の一つである事業計画の情報は必須である。このため、意思決定過程の情報については例外なく開示することが必要である。行政がどのような目的を設定したか、そのためにどのような案を検討対象としたか、それら諸案の効果や影響をどう予測・評価したか、一連の経緯を住民に具体的に説明する責任がある。これこそがアカウンタビリティの問題である。とりわけ、今日、持続可能な発展の観点からの判断ができるような情報が、公衆に提供されなければならない。

アセスメントにおいては、情報公開は行政だけに求められるものではない。アセスメントの対象となる、あるいは対象となりうる事業を行う主体は、官民を問わず事業計画の情報を公開することが求められる。その理由は右記の通りであり、さまざまな人間行為には十分な環境配慮が必要であり、そのためにアセスメントが行われるからである。

環境アセスメントとは、事業者が環境配慮を適切に行ったことを社会に伝えるコミュニケーションプロセスであり、情報公開の推進はその基礎である。とりわけ、事業段階だけでなく、より上位の計画段階から環境配慮を行うために、計画情報の公開が求められる。

第5章　戦略的環境アセスメント

前章まで、現行の中心的な環境アセスメントである、事業アセスメントを対象に解説をしてきた。しかし、人間活動を管理し、持続可能な発展を実現するためには、事業アセスメントだけでは不十分である。本章では、事業アセスメントの限界を克服するための新しい考え方である、「戦略的環境アセスメント」について述べる。

通常、事業に先立って、上位段階での意思決定がある。これは事業の種類により、また社会によって異なるが、まず、事業の上位計画や総合計画があり、そのさらに上位には政策の意思決定がある。

環境への配慮は、計画や政策の策定過程(プランニング)の一部として捉えるべきものである。そこで、プランニングという視点から、今後のあるべきアセスメントについて論じる。持続可能な発展のためには、計画やその方針を示す、政策の意思決定が鍵となる。アセスメントを計画プロセスや、政策決定プロセスのなかに位置づけていかなければ、持続可能な発展は実現しない。

1　事業アセスメントの限界

少数とはいえ日本でも事業アセスメントの経験を積んだ結果、事業アセスメントだけでは十分な環境配慮はできないことがしだいに明らかになってきた。その理由は、主に次の三つである。

(1) 事業段階では、環境影響の緩和措置をとれる範囲が狭すぎる。
(2) 事業自体の必要性が問題になっても、上位段階の意思決定が終わっているため、あらためて必要性の検討はしがたい。したがって、事業の中止はきわめて困難である。
(3) ある地域で多数の事業が行われる場合、その環境影響の累積に対処できない。

影響緩和の手段が限定的

事業を実施する直前で行われるアセスメントでは、事業計画の内容がほとんど決まっており、環境影響を緩和するためにとられる手段がきわめて限定されてしまう。

例として、高速道路事業を考えてみよう。通常、高速道路事業においては、路線が決まり道路構造もほぼ決まった段階で、事業アセスメントが行われる。このため、道路を建設する箇所に貴重な自然環境が含まれていたとしても、この段階で環境への影響を避けるために路線を変更することはなかなかできない。その結果、自然は失われてしまう。また、騒音や大気汚染に対しても、とりうる環境保全策は限られる。騒音による影響を削減するためには、緩衝緑地帯や防音壁の設置、あるいはトンネルにふたをかける程度しかできない。最も効果的なのは路線を変えることだが、これがきわめて難しい。

道路のような線状の施設でなく、点状の開発行為の場合も、立地が決まり、設計もできあってから事業アセスメントが行われるので対応がむずかしい。高層建築物を考えてみよう。巨大な建築物ができれば、日照阻害や電波障害などが生じうる。これらの影響項目に対しては、個別に規制があるため基本的な対応はできるが、風害や景観阻害などへの対応はむずかしい。ときには建物のデザインの変更が必要となる。だが、事業実施の直前では、設計の枠組みはすでに決まっているので、わずかな変更しかできない。特に建物の高さを低くしたり、床面積を減らしたりすることはきわめて困難である。周辺景観との調和をとるためには、建築のデザイン段階での環境配慮が求められることになる。

これらのように、事業実施の直前で行われる事業アセスメントでは、十分な環境配慮は困難な場合が多い。

ただし、貴重な環境が損なわれることが誰の目にも明らかになった場合には、計画の変更はありうる。例えば、開発地が絶滅危惧種の生息環境だと判明した場合である。前章で紹介した愛知万博アセスメントでは、準備書の公表後に地元のNGOによりオオタカの営巣が確認されたため、会場計画が変更された。しかし、これは例外的なことであり、結局大きな手戻りが生じ、二年ほどもアセスメントの期間が延びるという多大の時間損失を生じた。より早期での配慮ができれば、このコストは回避できるはずである。

事業の必要性の判断

計画の変更によって対応できる場合は、まだよい。ときには、事業の必要性自体が疑問視されることがある。これは、アセスメントにおける紛争発生の大きな原因となり、解決の困難な問題である。事業実施の直前で行う事業アセスメントにおいては、地域住民等から必要性に関する疑問が出されても、事業者はこれに応えられない場合が多い。それは、計画策定プロセスにおいてなされた一連の意思決定を、簡単にはくつがえせないからである。

しかし、持続可能な発展のための手段としてのアセスメントにおいては、人間活動の管理が本質だから、事業の必要性自体を問うこともしなければならない。第3章で紹介した藤前干潟の保全が、まさにそのような例である。ごみ処分場の建設は、ごみの減量化を徹底してゆけば、必要性の意味が変わってくる。その時点での必要性ではなく将来の必要性が問題になり、建設すべき施設の位置や規模も変化する。すなわち、事業の枠組み自体が変わってくるのである。まさに、人間活動を管理することによって、施設建設という事業の中身が変化する。

各地で大規模公共事業の問題が生じており、その必要性に大きな疑問が出されている。例えば、ダムの計画では各地で紛争が起きている。二〇〇九年夏の政権交代後に注目されたのが、群馬県の八ッ場ダム計画である。首都圏の水需要増大に対応するということで、一九六七年に計画が決められたが、水需要予測が過大だったとして必要性が大いに疑問視された。国は途中から洪水対策も目的に加えている。ところが、これも森林の保水力を過小に見積もっていると指摘された。

八ッ場ダム計画とともに長期化したものとして知られる、熊本県の川辺川《かわべがわ》ダム計画も、必要性が疑問視されてきた。一九六六年の事業開始以来、紆余曲折を経てきたが、利水裁判では二〇〇三年に計画中止を主張する農民側が勝訴した。恩恵を被るべき農民の大半が反対したのだから、利水の必要性が否定されたのは当然である。また、ダム本体の事業主体である国土交通省は治水のために必要だとしたが、これも受益者であるはずの流域住民の大多数が反対し、一部堤防の強化と水路浚渫《しゅんせつ》などによって二桁も少ない費用で対応できるとした。さらに、ダムによる水質の悪化が各地で生じており、漁業への影響は明らかなため、下流の地元漁協も強く反対した。国土交通省は漁業権の強制収用を試みたが、これも失敗した。結局、二〇〇八年九月、蒲島《かばしま》郁夫知事がダム計画を白紙撤回を表明し、ダムによらない治水計画を追求すべきだとした。この事例も、計画段階で公開での検討がなかったために紛争になったもので、事業段階での検討では遅すぎたのである。事業者は、事業の必要性に関する説明責任を果たしていない。

さらに、徳島県の吉野川可動堰《かどうせき》問題がある。二〇〇〇年一月二三日に徳島市でこの事業の賛否に関する住民投票が行われ、事業計画に否が出された。住民投票により公共事業への意思を示したのは画期的なことで、当初の計画は凍結された。これは姫野雅義さんら、地元ＮＧＯの粘り強い運動の結果であり、全国に知られることになった。この事例でも、計画プロセスはきわめて透明性が低く、事業の必要性に関する説明責任が果たされていなかった。住民投票から一〇年を経て、ようやく二〇一〇年三月に前原誠司国土交通大臣が計画を中止した。

いずれも、事業実施の直前では必要性を再検討するのは現実的に難しく、紛争状況に至ってしまった。これらは、事業より前の上位計画や、さらに前の政策段階といった上位の意思決定段階で環境配慮を行えたならば、事業の必要性に関する環境面からの判断も可能となったであろう。

超高密度都市となった東京

もう一つの問題は、ある地区に複数の開発行為が行われる場合、それらの累積的な影響に対しては、個別の事業アセスメントでは対応できないことである。例として、巨大都市東京の土地利用計画の失敗がある。

東京と比較できる世界の大都市、ニューヨークは摩天楼がそびえ立ち、東京よりもずっと高密度のように見える。このため、東京をニューヨークのマンハッタン並みに高度利用するべきだという声も聞かれる。だが、これは事実に反した主張である。マンハッタン並みというならば、むしろ東京の密度は下げなければならない。実は、東京は世界で突出した高密度都市で、特異な状況にある。周期的に起こる大地震への備えを考えれば、事態は深刻である。

東京都市圏は通常一都三県(東京、神奈川、埼玉、千葉)とされ、半径六〇キロメートルほどの範囲に三三〇〇万人が住んでいる。同程度の範囲をニューヨーク都市圏でとると、人口は一八〇〇万人で、東京の半分強しかない。

口絵写真は、筆者が放送大学の番組づくりのために、ヘリコプターで撮影したものである。東京とニューヨーク、それぞれ都心から同じ距離だけ移動した地点での土地利用の様子を比較した。東京は広い範囲に高層ビルが分散しているため、マンハッタンほどは高層ビルが無いように見える。だが、事実は違っている。

都心部では、マンハッタンは確かに高層ビルが多いが、東京も、大手町、汐留《しおどめ》、霞が関、新宿副都心など、高層ビルが非常に増え、今では東京のほうが多い。事実、すでに二〇〇一年時点で東京二三区のオフィスの床面積は八一〇〇ヘクタールあり、ニューヨーク市全域でも四〇〇〇ヘクタール弱だから、その二倍以上にもなる。口絵写真のように、一〇キロメートルの地点で大きな差がある。ニューヨークの密度は東京よりもかなり低い。二〇キロメートルの地点では、両都市の密度の差は歴然としている。ニューヨークの密度は、東京よりも随分と低い。

この東京の超高密度化は、持続可能性という点で深刻な問題をはらんでいる。一九九五年の阪神淡路大震災の経験で、都市の防災性を高めるために緑地や道路などのオープンスペースの必要性が強く認識された。しかし数年後には、経済活動の活性化という観点から、土地の高度利用のために容積率(敷地面積に対する建物の延べ床面積の割合)の緩和や線引き制度の見直しまで提言された。まさに「喉もと過ぎれば熱さを忘れる」である。

そして、東京のようにすでに環境汚染の進行した地域では、大規模開発であっても環境への汚染負荷の増分は既存の汚染負荷に比べわずかでしかない。だが累積的な影響をチェックする手だてがないと、開発行為が集積してゆく地域では、時間とともに環境負荷は累積的に大きくなっていく。すなわち、都市は高密度になり環境負荷が増大する。このことが、東京の環境問題が依然として解決されていない根本原因であり、持続可能性は確保できない。

個別の開発行為が累積された結果、東京はこのような高密度になってしまった。欧米の諸都市では地域計画を実施してきたが、日本では十分な計画がなされなかった。例えばニューヨークでは一九二九年の大恐慌の年に、ニューヨーク都市圏の地域計画を作成している。この計画自体は当時、成長を容認しすぎているという批判もされた。だが、それでも地域計画を作り、開発をコントロールしてきたことが重要である。欧米の土地利用規制は、日本に比べ各段に厳しい。このように八〇年以上にわたり地域計画を推進してきた結果が現在のニューヨーク都市圏の土地利用となっている。ロンドンでも、パリでも同じ原理が働いている。総合計画や土地利用計画による、計画的、戦略的な対処が必要なのである。

2　戦略的環境アセスメント(SEA)

成長管理の思想

東京は地域の総合計画段階での環境配慮がほとんどなされずにきた。そして、日本のきわめて緩い土地利用規制の結果、オープンスペースの少ない都市空間ができてしまった。環境負荷の発生は人間活動によるから、マクロには建物の総床面積が重要な意味をもつ。総床面積は、容積率により用途地域ごとに規定される。ところが東京をはじめ、日本の諸都市の容積率規制は欧米に比べ著しく緩い。

では、地域の適正な土地利用密度はどのくらいか。これを判断するためのアセスメントはこれまで実施されてこなかった。現在の指定容積率は、一九六〇年代後半に定められたものだが、このとき過大に指定されたといわれる。これはどういうことか。容積率を規定する人間活動の一つは、自動車交通である。すなわち、地域の建物の容積と道路スペースには適切なバランスが必要であり、容積が過大であると、発生する交通量のため道路スペースが不足する。当時の都市計画の専門家は、その頃の自動車利用状況のもとで考えて、指定容積率は二倍ほどの過大な値であったという。ということは、モータリゼーションの進行した今日、必要な道路スペースは格段に増大しているのだから、これだけを考えても、容積率は本来、現在の半分以下にダウンゾーニング(切り下げ)しなければならないことになる。

われわれは、開発行為が累積し都市が大きくなることを都市の成長として、よいことと考えてきた。だが、持続可能な発展のために必要な人間活動の管理とは、成長自体を見直すことである。経済成長や都市の成長を追求するのではなく、これを管理するという思想が必要である。これを成長管理という。そこで、土地利用計画レベルでのアセスメントが必要となる。人間活動と環境を比較考量するという観点からの、土地利用計画や上位計画、総合計画、さらには政策の形成がなされなければならない。

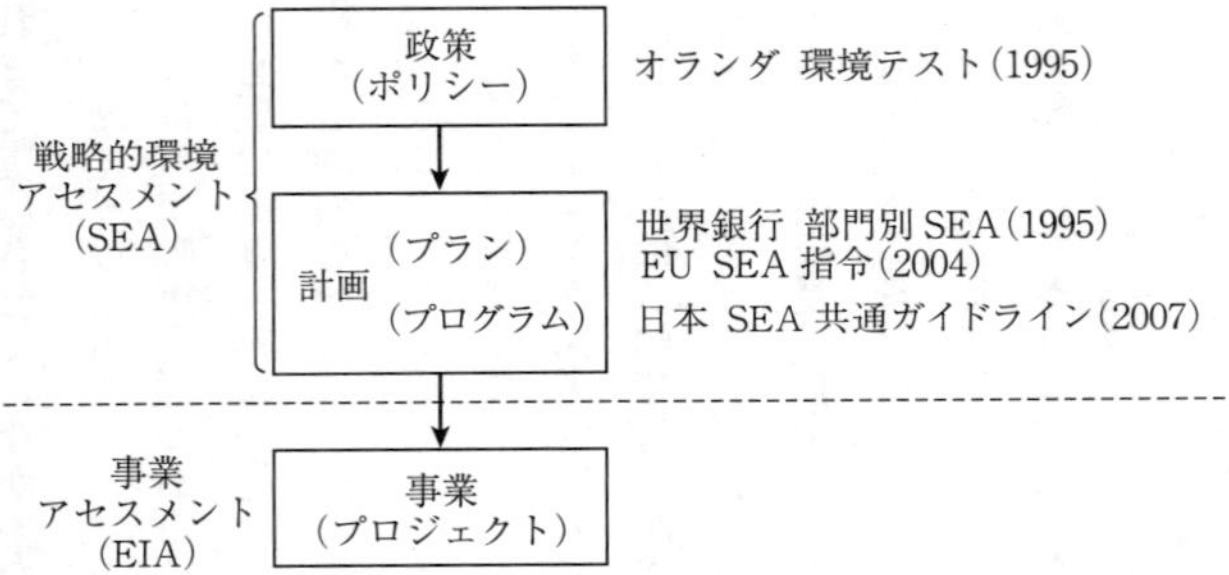

図5-1 政策，計画，事業の階層構造とSEA.

政策・計画・事業

ここで、意思決定の段階を整理しておく。人間活動の意思決定は、上位から、政策、計画、事業という階層構造になっている(図5-1)。

政策(ポリシー)は、基本的な方針を決める段階である。図5-1の計画の箱にはプランとプログラムが入っている。日本語では、プランもプログラムも同じ「計画」という言葉で表現されることが多いように、両者は段階としては微妙に違うが、意思決定の流れ全体では、「プランまたはプログラム」と同列に表現される。そこで、この図でも同じ箱に入れてある。両者は、政策により示された方針に従い具体的な行為の枠組みを決めたものという点では共通である。だが、プランはより包括的な段階で、マスタープランなどという言葉が使われる。プログラムはプランにより与えられた枠組みのもと、個別具体的な手順まで示したものである。そして、個別の具体的な行為が事業(プロジェクト)である。

戦略的環境アセスメント

より早期の段階での環境配慮とは、政策や計画など、事業よりも上位の戦略的な意思決定段階でアセスメントを行うことである。事業を行うか否か、行うのならどこでどのように行うか。そのような上位段階の意思決定である。これが一九九〇年頃から世界的な動きが始まった戦略的環境アセスメント(Strategic Environmental Assessment, SEA)である。

戦略的とは、目的を明示し、その目的との関係で意思決定をすることである。ある目的に対しさまざまな代替案を考案し、それらを比較検討して最適案を選択する。このために、システム分析が適用される。

なお、世界でも、これまでは事業アセスメント(EIA)が主流だったため、事業アセスメントだということを強調するために、英語でもProject EIAという表現がよく使われる。

計画段階からのアセスメントの必要性が特に明確になるのは、開発行為と自然保護とが対立するなど、土地利用計画が関連する場合である。日本でも近年の自然保護に対する意識の高まりとともに、そのような土地利用の問題がかかわる事例も増えてきた。代表的なものとして海岸部の土地利用に関する干潟の問題がある。藤前干潟の事例も、本来、ごみ処分場は伊勢湾全体の総合計画のなかに位置づけ、これに対しSEAを行うべきものであった。

ＩＡＩＡ（国際影響評価学会）では、ＳＥＡを次のように定義している。「ＳＥＡは、提案された政策・計画（プラン及びプログラム）により生ずる環境面への影響を評価する体系的なプロセスである。その目的は、意思決定のできる限り早い適切な段階で、経済的・社会的な配慮と同等に環境の配慮が十分に行われ、その結果、適切な対策がとられることを確実にすることである。」筆者はこれに、プロセスの透明性を必要条件としてつけ加える。

ＳＥＡは、事業より上位段階の計画や政策の意思決定段階で行う環境アセスメントの総称である。だから、計画を対象とするなら計画アセスメント、政策を対象とするなら政策アセスメントという言い方もされる。

このように内容は多様であるが、その本質は明確である。それは政策・計画段階における意思決定過程の透明性を高めるということにある。持続可能な発展のためには、大規模事業を行う主体は官民を問わず、政策策定や計画策定の段階から環境影響をどのように配慮したかを社会に対して説明する責任（アカウンタビリティ）がある。そのための情報公開と住民参加に基づく仕組みがＳＥＡである。

ＳＥＡの要件

ＳＥＡの要件は次の四点である。

(1) 政策・計画段階での実施。ＳＥＡとは、政策・計画段階の意思決定に環境配慮を徹底することである。

(2)「ノーアクション」代替案も検討。戦略的な意思決定の段階では代替案の比較検討が必須条件だが、特に、その事業を行わない「ノーアクション」代替案も検討しなければならない。

(3) 社会・経済面の影響と環境面の影響の比較考量。ノーアクション代替案を検討するためには、社会・経済面の影響と環境面の影響の比較考量が必要である。

(4) プロセスの公開性・透明性が必要。意思決定過程の透明性を確保することが不可欠である。しかし、計画や政策に関する情報公開には抵抗が大きい。また、対象範囲が広くなるので住民参加は事業アセスメントの場合より困難になる。

３　世界のＳＥＡ

ＮＥＰＡの実績

ＳＥＡの考え方は、すでにアメリカの国家環境政策法（ＮＥＰＡ）に現われていた。ＮＥＰＡでは連邦政府の関与するあらゆる意思決定を対象としており、事業だけでなく上位計画や政策も対象になる。特に計画に対するアセスメントは、Programmatic EIA と呼ばれ実施されてきた。ただし、連邦政府の報告『NEPA——二五年間の有効性の研究』は、「NEPAが誕生してから二五年間の適用は、特定地域における建設、開発、あるいは資源採取事業に集中していた」と指摘している。アメリカでも従来はほとんどが事業アセスメントであったものの、計画段階のアセスメントも一定程度行われてきた。

ヨーロッパのSEA指令

ヨーロッパでは一九八五年に欧州共同体(EC)が欧州委員会(CEC)の事業アセスメント指令を出し、対象は当面、開発事業に限定されることとなった。従来は各国で事業アセスメントが主として行われてきたが、CECではこの事業アセスメント指令を検討していた当時からSEAが議論されており、その必要性は早くから認識されていた。

その結果、EC加盟国のいくつかで、政策・計画段階での環境アセスメントに関する具体的な取組みが進められた。なかでもオランダでは、一九八七年の環境影響評価令において、特定の部門別計画、国家・地域計画などに対して事業アセスメントと同様の手続きを行うこととした。また、一九九五年に環境テストと呼ばれる手続きを開始し、新しい法令案を作成する際には必要に応じて環境へのさまざまな影響について検討し、記述させている。これは、一パラグラフ程度の短いものだが、環境配慮を公表し議論することに意味がある。

その他、デンマーク、フィンランドなどでも、SEAが制度化されている。また、イギリスにおいても、公式のSEA制度はないが先進的な計画制度のもとSEAの具体例が蓄積されてきた。

そして、一九九三年に発足した欧州連合(EU)はSEA実施の共通ルール化を目指し、二〇〇四年七月にSEA指令を施行した。この指令は一九九〇年代から準備が進められ一九九六年に指令案を発表、数年かけて修正のうえ、二〇〇一年に成立、二〇〇四年に発効した。二〇一〇年時点で、EU加盟国は二七か国に増大しており、そのうち二五か国が法制化を終えている。

SEA指令の目的は、基本計画と実施計画の、準備段階や採用段階において環境アセスメントを実施し、その結果を意思決定において考慮することにより、環境保護をこれまで以上に高いレベルで実施することである。これは、事業アセスメントを補足するものと位置づけられている。当初は土地利用に関連する基本計画と実施計画の段階に限定していたが、一九九九年の修正案で、対象をより広げてエネルギーや廃棄物などの分野でも適用されることとなった。

アジアなどの動き

アジア各国もSEAを実施している。韓国ではすでに一九九九年制定の環境政策法で準SE

A制度を導入し、さらに、二〇〇五年の法改正でこれを強化した。また、中国も二〇〇三年に制定したアセス法のなかでSEAの実施を規定し、実施している。香港はもっと古く、一九九八年にSEA実施を規定しており、すでに多くの実績が積み重ねられている。例えば、香港の広域総合計画においてSEAを適用している。

また、国際協力機関のなかでは世界銀行がリードしてきた。世界銀行は一九八九年に運用指令を出しアセスメントを行ってきたが、これは事業アセスメントだけでなく、個別事業の上位計画を対象としたアセスメントなども含むものである。これらはSEAの一種といえる。特に、一九九二年、リオの「地球サミット」で合意された、持続可能な発展を実現する具体的な方法としてSEAに注目し、一九九五年からこれらのSEAを本格的に実施している。

日本のSEA

実は、日本でもSEAを目指した動きがなかったわけではない。環境基本法の第一九条では、「国の施策の策定等に当たっての配慮」を規定した。アセス法は事業アセスメントを中心としたものだが、法律制定にあたり中央環境審議会から提出された答申では、政策や上位計画段階の環境アセスメントについても指摘されており、SEAの必要性は明確に認識されていた。また、同法の国会における審議過程において、衆参両院での附帯決議のなかにSEAの推進が書き込まれた。

徐々にではあるが、この頃から日本でも先進的な自治体でSEAの試みは行われ始めていた。例えば、川崎市の環境調査制度(一九九四年)や東京都における総合アセスメントの試み(一九九八年)がある。川崎市では、一九九一年に制定した環境基本条例に基づき環境調査制度を作った。この制度はプロセスの公開性が低いが、政策・計画の早期段階から部局横断的に環境面での影響を検討するという点では、SEAの一つの要件を満たしていた。

一方、東京都の総合アセスメントの試みは、総合計画段階から公開性の高いプロセスで環境配慮を行うものとして準備が始まった。二〇〇二年の都アセスメント条例改正時に計画段階アセスメントとして導入されたが、都市開発などの民間事業には適用されず、効果は疑問視されている。当初は期待されたが、社会・経済面と環境面の比較考量という枠組みではなく、総合性の点で不十分である。

そして、二〇〇二年に埼玉県が地方自治体で初のSEA要綱として、「戦略的環境影響評価実施要綱」を制定・施行した。二〇〇二年度から適用案件があり、二〇一〇年までに五件の計画に対して適用実績がある。この要綱は、ノーアクション代替案の検討という要件以外は概ね満たしており、現状では日本で最も進んだものといえよう。

また、国際協力機構(JICA)は二〇〇四年四月に、従来の環境社会配慮ガイドラインを大幅に改訂したが、SEAの考え方をできるだけ適用することにした。JICAは日本の政府開発援助(ODA)における中心的な組織であり、途上国の大規模事業の支援においては、マスタープラン作成などの段階で被援助国政府を支援する。そのため、この段階でのSEAの適用が可能である。

JICAは二〇〇八年に国際協力銀行(JBIC)の有償資金協力(円借款)部門を統合して、世界銀行につぐ巨大な組織となった。年間の事業規模は一兆円を超し、二〇一〇年末のドル換算では一三〇億ドルで、世銀の二〇〇億ドルの三分の二以上にもなる。この新JICAでは、旧JICA、旧JBICのガイドラインを統合して、新たな環境社会配慮ガイドラインを二〇一〇年四月に制定し、七月から施行した。新ガイドラインでは、マスタープランに対するSEAの適用を義務づけた。

さらに現在、生物多様性の保全が日本の環境政策上も重要な課題になっているが、そのために必要な地域の生態系の保全には、土地利用が根本であることは、アメリカだけでなく日本でも認識されるようになってきた。例えば、二〇〇八年に制定された、日本の生物多様性基本法でも、次のようにこの考え方が明記されている。

第二五条で、生物多様性に影響を及ぼすおそれのある事業を行う事業者等は、「その事業に関する計画の立案の段階からその事業の実施までの段階において」、影響の調査、予測または評価を行うこととされている。

序章で述べたように、アセス法は事業段階でのアセスメントであるため、事業の枠組みはほぼ固まっており、大きな計画変更はむずかしい。これに対し、生物多様性基本法における計画段階からのアセスメントへの言及は、明確な前進と受け止めることができよう。

日本型ＳＥＡ

環境省は、環境庁時代の一九九八年から戦略的環境アセスメント総合研究会を発足させ検討を開始し、二〇〇〇年には中間報告を公表した。このペースで進めばよかったのだが、アセス法制定時と同様に事業官庁や産業界の抵抗が強く、一時、研究会は休止となった。だが、二〇〇六年に策定された、国の第三次環境基本計画においてＳＥＡの推進が規定され、二〇〇六年八月から研究会での検討が再開された。二〇〇七年三月に研究会の報告書がまとめられ、原則としてアセス法対象事業に対して、その位置・規模等の検討段階でＳＥＡを行うという、国の共通ガイドラインが同年四月に定められた。

これは事業アセスメントに最も近い、プログラム段階のものである。現在、世界の諸国では通常、プログラム段階より上位の、マスタープランや土地利用計画などの段階から適用されているため（図5-1）、これは日本型ＳＥＡと呼ばれている。

発電所も対象に

だが、この共通ガイドラインは大きな問題点を残した。それは、土壇場でアセス法対象一三事業種のうち、発電所だけがガイドラインの適用対象からはずされてしまったことである。研究会の最後の段階、二月の委員会では一三事業種すべてに適用することで合意され、最終の三月の委員会に報告書案が提出されたが、突然、二行の文章が追加された。発電所を適用対象からはずすという趣旨のものである。当然、出席委員から異論が続出し、一二名のうち筆者を含め一〇名が反対を表明、賛成は一名だけであった。あと一名は意思表示をしなかった。通常なら、これで発電所の除外はなくなるところだが、事務局によって発電所をはずされてしまうという、きわめて不透明なことになった。

これは、民主主義社会にはあるまじき行為である。このことは当時、新聞やテレビ報道で厳しく批判された。IAIAの二〇〇八年大会はオーストラリアのパースで開催されたが、筆者はIAIA会長として学会の主要メンバーにこの件について意見を聞いた。当然、各国の専門家から驚きの声があがった。発電所はどの国でもアセスメントが必要な事業の代表であり、位置・規模等の検討段階でアセスメントを行うのは世界の常識だからである。

その後、アセス法改正のための研究会による検討が二〇〇八年から始まり、二〇〇九年に報告がまとまった。筆者も委員の一人を務めたが、共通ガイドラインの趣旨を生かし、位置・規模等の検討段階でアセスメントを行うことが提案された。これを受けて、二〇一〇年三月に閣議決定された法改正案では、新たに計画段階配慮書の手続きを設け、アセス法対象の一三事業種のすべて(第一種事業)を対象とすることになった。このように、共通ガイドライン策定時とは違う対応になったのは、この間の批判の高まりや政権交代の結果である。

国レベルでもようやくSEAの導入が始まりそうだが、これは、日本型SEAと呼ばれるプログラム段階のものである。JICAでは世界の主流である計画段階のSEAを義務づけているので、日本では国際協力分野でのSEA導入が先行していることになる。

4　SEAの事例

イギリスの海峡トンネル連絡鉄道計画

一九九四年に英仏海峡トンネルが完成し、ロンドンとパリ、ブリュッセルをつなぐヨーロッパの新幹線、ユーロスターが開通した。当時はそれに連絡するイギリス国内の路線は在来線であり、その高速鉄道化が進められた。この計画における路線選定の第一段階は、SEAの初期の代表例として知られている。このプロセスはユーロスター開業前の一九八七年から九一年にかけて行われた。当時はまだSEAという概念は一般的ではなかったため、SEAとは呼ばれなかったが、プログラム段階でのアセスメントである。第二段階の具体的路線選定では、通常の事業アセスメントが行われた。

一九八七年に英国鉄道がルート選定調査を開始し、翌八八年に四つのルート案を発表した。これがプログラム段階での、大まかなルート案である。路線というよりも最大で四キロメートルほどの幅をもった帯状のもので、ルート・コリドアと呼んだ。ところが、ケント州でこのルート案の環境影響が大きな問題になり、提案を国民に理解してもらうことが必要になった。

そこで、選定の経過を出版物として公刊し国民の理解を求めた。つまり、文書ベースの方法で意思決定過程の透明性を確保し、これにより、ルート選定のアカウンタビリティを満たしたのである。一九八九年から九一年にかけて、関係者らがどのルート案を推奨するかの見解を表明し、これらを踏まえ、一九九一年に運輸省が大まかなルート案を決定した。そして、英国鉄道はその根拠を国民に示すため、比較環境審査書を公刊した。

これら四案は図5-2のようになる。南寄りの二つのルート(②④案)はロンドン近郊までは同じで、ロンドン市内へのアクセスのみ異なる。北寄りのルート(③案)は最短経路案に比べ、大きく北へ迂回する。最終的には、中央のルート(①案)を修正した案に決定し、ロンドンの駅は市内北部のセントパンクラス駅に変更された。最終ルートの選択における主要なポイントは、環境面の問題であった。特にケント州は、イギリスの庭園といわれるほど美しい地域である。選定されたルートは、風景とよく溶け合ったものとなった。騒音にも配慮し、自然保護にも関心を払うことができた。この新線は二〇〇三年に部分開業し、二〇〇七年に全線が開業した。

このようにルート代替案の選定過程が公衆に公開されたことは、当時はイギリスでも異例なことであった。イギリスの通常のアセスメントでは、最終的に検討結果の経緯が示されるだけである。

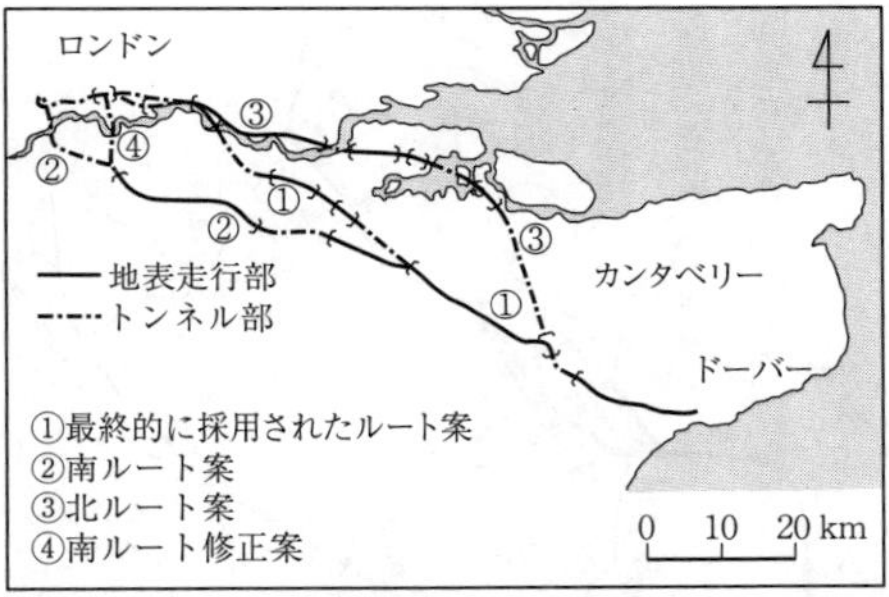

図 5-2　海峡トンネル連絡鉄道計画の SEA で検討された 4 つのルート代替案.

横浜市青葉区における道路づくり

日本でも、当初はSEAとは認識されていなかったが、結果的にSEAといえる具体例が一九九〇年代末に現われていた。横浜市青葉区における道路づくりへの住民参加である。この例は、イギリスの例のような大がかりなものではないが、文書ベースのSEAがなされた。通常のSEAはこの横浜市での例のように、あまり費用はかからない。それは、詳細な事業アセスメントの場合のような調査が必要なく、簡易アセスメント的な分析でよい

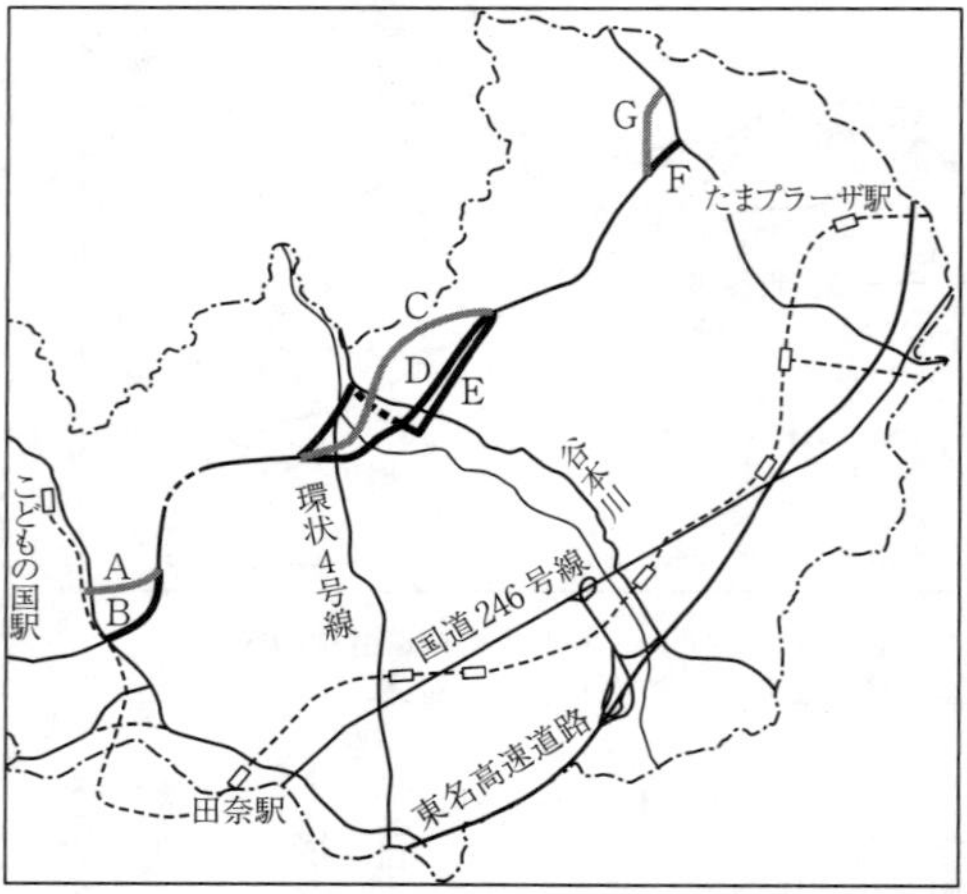

図5-3　横浜市青葉区における道路ルート選定のSEA. 3区間について，A～Gがルート案.

ことが多いからである。

筆者は、同時に地域に住む専門家として、この事例に直接関与し、プロセスの助言をした。発端は横浜市が、事業者の説明によって住民の理解を得るという、従来型の住民参加の場を設けたことである。しかし、これがなかなかうまくいかず、市は新しい方法を模索していた。そこで、筆者の提案で新しい試みを行った。数年間の準備期間の後、一九九六年から九八年にかけて住民参加による検討が行われた。

代替案の評価では、環境面だけでなく社会・経済面の評価も行われた。計画対象とされる三つの区間それぞれで(図5-3)、道路を「整備しない」というノーアクションの代替案も比較検討されている。この検討結果は簡単なパンフレットにまとめられ、青葉区一〇万世帯中、一万世帯を対象に郵送によるアンケート調査が行われた。簡便なパンフレットではあるが、これによって、環境面とともに社会・経済面についても比較考量していることが回答者に伝わったと思われる。

アンケート調査の結果では、計画対象の三区間のいずれも「整備する」案が最も高い支持を得た。その後、筆者も参加して専門家による研究会がもたれ、アンケート結果を踏まえた結論が一九九九年に出された。結果的には、市が当初考えたルートを住民も認めたことになった。この事例は、あまり費用もかからず、SEAプロセスでの実質的な期間もあまり長くない。

これは右記、環境省の戦略的環境アセスメント総合研究会で、SEAの具体事例として紹介されたが、一方、国土交通省の研究会でも紹介され、こちらではパブリック・インボルブメント(PI、公衆の巻き込み)の事例とされている。SEAとPIは同じものなのか、異なるのか。ポイントは客観性である。持続可能性のためには、環境部局が第三者として関与するSEAが必要である。

5　新たなSEA――会議ベースのSEA

事業アセスメントは文書形式のコミュニケーションが中心であり、会議形式のコミュニケーションは補完的に使われる。しかし、議論を十分に行うには、可能であれば会議を主体としたコミュニケーションのほうが望ましい。

こうした意味で新しい形とされるSEAを最後に紹介する。この事例は、会議によるコミュニケーションが中心だが、文書によるコミュニケーションも重要なタイミングで行われた。両者を組み合わせた、会議が主、文書が従のSEAである。

公共空間での議論を可能にする条件

会議ベースのプロセスをどのようにもつべきか。これは、代表者による継続的な公開会議の場を中心とした方法となる。当然、このプロセスは、科学性と民主性の二条件が満たされなければならない。その場において公共空間での議論を行うには、次の三つの条件が必要である。

（1）会議の場の設定。まず、議論の結果を意思決定に反映させることを確認する。十分な議論ができるよう、メンバーの多様性とともに、適正な人数で構成する。経験則から二〇名程度までが望ましい。

（2）議論の公開。会議は公開とする。議事録は発言順に発言者名を明記したものを作成、公表する。また、現場で傍聴できない人のために、インターネットやCATVなどでの放送が望ましい。

（3）十分な情報提供。議論に必要な事実情報と価値情報を十分に提供する。事実情報に関しては、行政情報の公開の徹底をはかり、既存情報の収集や専門家の知見を提供する。価値情報に関しては、多様な意見を収集するため常時意見を受け付け、必要に応じ傍聴席からの発言も認める。

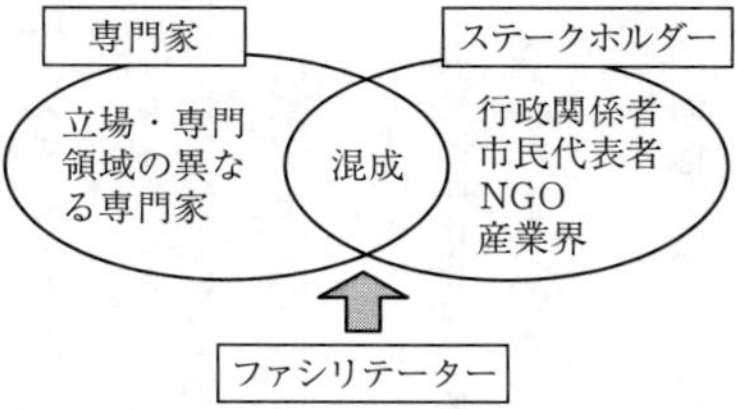

図 5-4　議論の場のハイブリッドモデル.

多様なメンバー

以上の三点のなかでも、会議の場の設定、とりわけメンバー構成をどうするかが決定的に重要になる。会議を行うためには、その場に参加する代表を選べるという条件が満たされなければならないが、これは、主要なステークホルダーの数が限られている場合には可能である。事業よりも上位の意思決定段階、特に立地点が決まる前の段階では関心をもつ人は限られるため、このような状況が生まれうる。そのうえで、科学性と民主性を担保するメンバー構成を考える。科学性のためには専門家、民主性のためには多様なステークホルダーが必要である。そこで、両者の混成(ハイブリッド)の場を形成し、透明性の高い議論のプロセスにする。これを筆者は、ハイブリッドモデルと名づけている(図5-4)。

議論を十分に行うために、メンバー数の制約が必要になる。二〇名程度までの範囲で、専門家とステークホルダーの人数のバランスを適切にとる。通常は、多様なステークホルダーが存在するので、これらの委員が多くなる。そして、対立関係にある意見は、双方が同等に発言できるよう人数を配分することが肝要で、座長として会議の進行を促進させるファシリテーターの役割が重要である。

長野県中信地区の廃棄物処理施設建設計画

会議ベースのSEAの具体例を以下に紹介する。これは、長野県中信地区における事例である。

中信地区は、長野県の西部、松本市を中心として南北に広がる、東京都の二倍ほどの面積のある広大な地域である。この地区で、県の第三セクターである廃棄物事業団が、廃棄物処理施設を松本市の北に接する豊科町(当時。現在は安曇野市の一部)に建設する計画を進めていたが、地元住民の同意が得られず頓挫してしまった。二〇〇〇年一一月のことである。

その直前の一〇月に就任した田中康夫知事は、早速この問題の解決に取り組んだ。筆者は田中知事から紛争の解決を依頼され、右記三条件を満たす会議ベースのSEA実施を求めた。田中知事がこれらを了承したため、ハイブリッドモデルに基づくきわめて透明性の高いプロセス

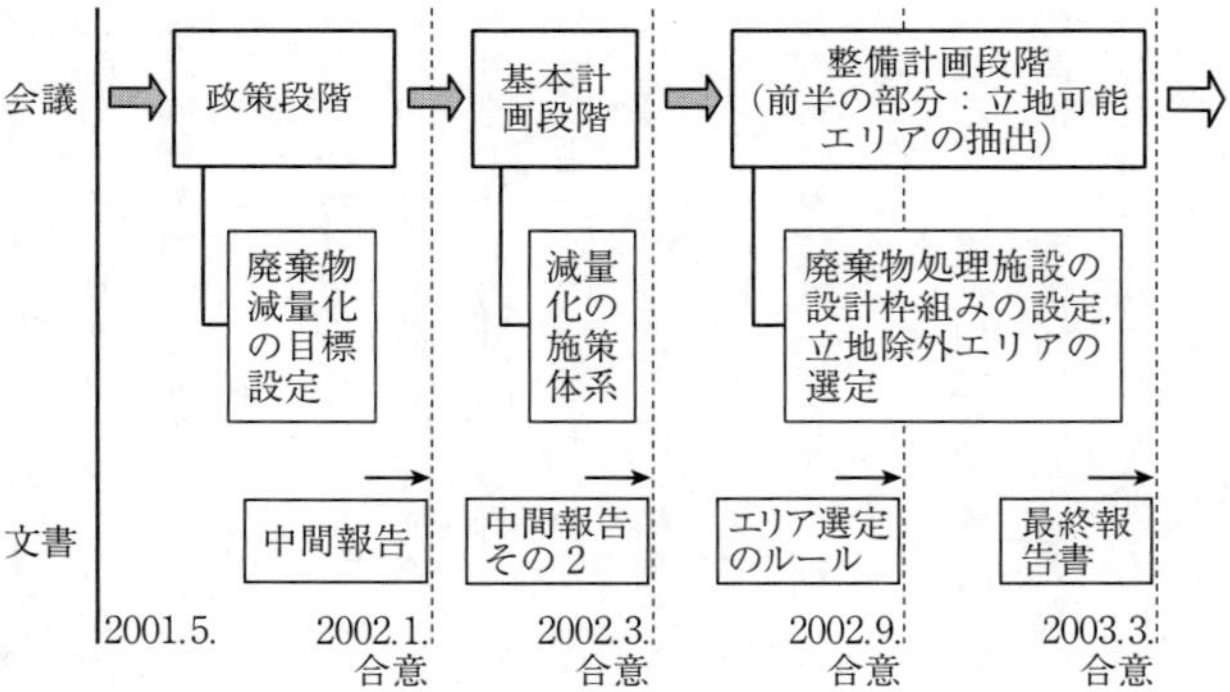

図 5-5　長野県中信地区における会議ベースの SEA.

とすることができた。画期的なことである。その結果、まず、事業計画は白紙撤回され、政策、計画、事業の順に上位の意思決定から順に進めてゆくことが確認された(図5-5)。

二〇〇一年五月から〇三年三月までの約二年間、検討委員会方式のプロセスがとられた。検討委員会は、専門家として筆者を含めた七名とステークホルダー一二名の計一九名構成とした。後者の一二名は、施設建設に賛成、反対、中立、それぞれで人数のバランスをとった。筆者がファシリテーターを務めた。

このプロセスでは、二年間に三三回の委員会が公開で開かれるという集中的な議論がなされた。さらに、論点に応じて設けられた各種ワーキンググループの会議が延べ三二回、説明会が一〇回、その他、見学会など多様な活動が展開された。そして、合意の区切りごとに文書により議論の内容が確認され、公表された。

図５-５に示したように、中間報告や最終報告など、計四つの文書が作成、公表された。必要に応じてパブリックコメントが求められたが、これは、通常のアセスメントにおける意見書提出と同様の方法である。

このように、会議ベースでありながら文書形式のコミュニケーションも要所で使われており、両者の組合せで全体のプロセスは進行した。この結果、当初は委員の間に厳しい対立があったものの、施設の必要性は認められ、その代わり最小規模の施設を建設することとなり、その立地可能エリアの抽出まで行うことができた。この二年間で、政策段階、基本計画段階、そして整備計画段階の前半部分までの合意形成がなされたと整理できる。

すでに述べたように、事業アセスメントの段階は具体性が高く、多くの人が関心をもち、交流する各種の情報も多いので文書ベースの方法となる。だが、ＳＥＡでは、意思決定の上位ほど内容の具体性に乏しく、むしろ、このように会議ベースの方法を用いることのできる可能性が高くなる。

また、位置・規模等の検討段階のような、プログラム段階でも事業段階に近い場合は、多くの関係者への情報提供が必要なので、文書ベースのＳＥＡも有効である。

ＳＥＡの方法には多様なものがあり、状況に応じた方法の選択が必要である。

第6章　アセスメントが変える社会

アセスメントの制度が整備され、その運用が拡大し、社会の基本的な仕組みとなれば、社会のあり方自体が少しずつ変わってゆく。人々の意識が環境配慮推進型に変化し、行動もしだいに変わる。企業や行政など組織の行動も変わり、政治も変わるだろう。これらがあいまって、真に持続可能な社会づくりへの道が開かれるものと筆者は考えている。ただし、それは、本来の環境アセスメントが広範に行われた場合であり、単にアセスメントの実施件数が増えるだけでは駄目である。

そこで最後に、適切なアセスメントが行われることを前提に、環境アセスメントの制度を拡大してゆくことにより、どのような効果が生まれうるかを考え、さらに、本来のアセスメントが実行されるようになるために取り組むべき主要な事項について述べる。

1　簡易アセスメントは持続可能な社会への道

第5章ではＳＥＡを論じたが、この新しいアセスメントを導入する前に行うべきことがある。

現行の事業アセスメントにも、まだ改善すべき点が多い。
序章で述べたように、対象事業の範囲があまりにも狭すぎる。巨大事業しか対象としない現行アセスメントの理念を変え、環境影響のおそれが少しでもあれば、チェックしてみるのが科学的なアプローチである。

まず簡単なチェックを

筆者の提案は、国が何らかの形で関与する事業で、明らかに環境影響がないと思われるもの以外は、まず簡易アセスメントを行うことである。簡単なチェックをして、その結果をもとにスクリーニングを行い、詳細アセスメントを行うか否かを決めるという、二段階の手続きである。

国内ではこのような簡便なアセスメントは行われていないので、実感がわかないかもしれないが、時間は短くとも、判断に必要な基礎情報がそろっていれば、簡易アセスメントは実施できる。本書で紹介した、アメリカのＮＥＰＡアセスメントにおけるＥＡという簡易アセスメントや、世界銀行や国際協力機構（新ＪＩＣＡ）などの国際協力分野での最初の段階の判断は、まず、既存の情報だけでスクリーニングするものである。

簡易アセスメントの直接的な利点は第４章で述べた。アセス逃れをなくせることと、環境配慮の累積的な効果が生ずることである。これらの直接的な効果以外に、社会に与える大きな効果が少なくとも四つは考えられる。

四つの効果

第一に、全国各地で何万件もの簡易アセスメントが行われることで、地域の環境情報が蓄積されてゆく。特に、地域の希少な動植物などの自然環境に関する情報は、簡便なアセスメントにおいてもチェックされるから、それらのデータが蓄積されてゆくことの意味は大きい。しかも、定常的に更新されうる。同時に、これらの情報整備がもつ公共的な価値が認識されることにより、緑の国勢調査のような、国全体の環境情報の基盤整備も進むことになる。これらの環境情報が蓄積されてゆくことで、さらに次の簡易アセスメントをやりやすくなる。

第二に、アセスメント技術の発展が望める。例えば、大気環境や水環境のシミュレーションモデルは、費用のあまりかからない、より簡便なものが開発されるようになるであろう。現在は、きわめて少ないアセスメント実施件数であるため、このような技術開発のインセンティブは生まれない。そして、技術というものは、さまざまなケースに遭遇することにより新しい工夫が生まれて進化する。技術発展に必要な経験の蓄積とデータの整備は、適用事例が増えることにより大幅に進む。いわゆるグリーンイノベーション、すなわち環境分野での技術革新が行われ、これが産業構造を変えていく。

第三に、簡易アセスメントであっても、それが毎年何万件も実施されるようになれば、アセスメント産業という環境産業の発展が望める。この経済効果は大きい。これによる新たな雇用創出は経済のグリーン化の一例である。例えば、アメリカでは、州レベルのアセスメントも加えると毎年六万～八万件もが行われているため、アセスメント分野は大きな産業となり、人材の育成も進んでいる。中国でも、今では年間三〇万件前後のアセスメントが行われており、アセスメント分野での産業の発展は著しい。

そして第四に、社会的な影響がある。環境教育、環境学習上の効果が絶大である。現状では、国民がアセスメントを経験するのは一生に一度あるかないかだが、件数が数百倍から一〇〇〇倍にもなれば、アセスメントの経験は一般的になる。そうすれば、アセスメント手続きもスムーズに進められるようになるとともに、人々は日常的に身近な環境に目を配るようになり、環境に配慮した行動をとるようになる。官民の事業者も同じで、環境配慮の「ハートウェア」が形成され、環境配慮の姿勢が変わってくる。社会を動かす人々の意識、意欲のことを、筆者はハートウェアと呼んでいる。ハートウェアが形成されれば、社会全体が持続可能性を追求するようになる。

アセス法目的の修正を

このように多くのメリットが考えられるが、対象事業の拡大は、現行法の枠組みでは無理である。アセス法の目的自体を修正しなければならない。アセス法は環境基本法第二〇条に基づき制定されたものである。環境基本法では、左記のように、対象事業を大規模事業に限るとはしていないし、環境影響の程度が著しいものとも規定していない。

環境基本法(環境影響評価の推進)

第二〇条　国は、土地の形状の変更、工作物の新設その他これらに類する事業を行う事業者が、その事業の実施に当たりあらかじめその事業に係る環境への影響について自ら適正に調査、予測又は評価を行い、その結果に基づき、その事業に係る環境の保全について適正に配慮することを推進するため、必要な措置を講ずるものとする。

この規定は、人間活動を管理するという環境アセスメントの基本原則にのっとっているように考えられる。ところがアセス法の第一条(目的)では、対象事業の範囲が極端に狭められてしまった。すなわち、以下のようになっている。

環境影響評価法（目的）
第一条　この法律は（中略）、規模が大きく環境影響の程度が著しいものとなるおそれがある事業について環境影響評価が適切かつ円滑に行われるための手続その他所要の事項を定め、（以下略）。

ここでは、環境基本法で示された理念からは大きな乖離《かいり》が生じている。このように非常に消極的な取組みになってしまったのには、アセス法制定の不幸な歴史がある。その経緯は、第2章で詳しく述べた通りである。

二〇一〇年のアセス法改正案の提出はアセスメント理念の欠如を正す絶好の機会だった。だが、アセスメントの本質と合わない第一条は修正対象とならなかった。これでは環境アセスメントを、持続可能な社会づくりの手段とすることはできない。

アセス法は早急にさらなる改正が必要である。第一条（目的）の記述を修正し環境基本法第二〇条に即したものにして、そのうえで簡易アセスメントを導入することが、日本を持続可能な社会づくりへ向かわせる道である。

2　ＳＥＡは政策決定過程を透明化する

持続可能な社会づくりのさらなる推進には、事業よりも早期の、上位の意思決定段階で環境配慮を行うＳＥＡが必要である。

環境省の共通ガイドラインが設けられているＳＥＡは、事業の位置・規模等の検討段階を対象とする日本型ＳＥＡである。このプログラム段階でのＳＥＡから始めることは第一歩としてはやむをえないが、これを進めて、総合計画や土地利用計画、マスタープランなど、さらに上位で行うようにするべきである。ここでも、国際協力分野での経験がよい例となる。新ＪＩＣＡの改訂ガイドラインでは、マスタープランへのＳＥＡ適用が義務づけられた。

ＳＥＡ導入の条件

ＩＡＩＡの国際共同研究を実施し、オランダのアセスメント担当の行政官ロブ・フェルヒームとともにその報告書を書いたイギリスのＳＥＡ専門家バリー・サドラーは、ある国にＳＥＡを導入するための条件として以下の三点をあげている。

第一は、政治的意志と国民の支持である。意思決定過程はすでにあるのだから、ＳＥＡ導入の成否はその国の人々の意志にかかっている。その意味では政治の問題でもある。長野県中信地区で会議ベースのＳＥＡが実施できたのも、当時の田中康夫知事の強い政治的リーダーシップがあったからである。

そのうえで第二に、官僚の意識の変革が必要であり、意識改革のための教育が必須となる。これは、公共事業や公共政策の立案と決定は、社会に対する説明責任を果たしつつ行うものだという意識を、個々の官僚がもたなければならないということである。程度の差はあれ、洋の東西を問わず、どの社会でも官僚が支配する部分が大きいということでもあろう。

そして第三に、ＳＥＡのプロセスを進める専門家である。事業アセスメントの専門家とともに、計画・政策分野の専門家も必要である。日本は先進諸国のなかでも、このような専門家が少ない。具体的なＳＥＡのプロセスの中核は代替案の比較検討であるので、システム分析や政策分析の専門家も求められる。

日本においては、これらに加えてもう一つ重要な点がある。それは、計画や政策の意思決定過程を透明にすることである。このためには意思形成過程の情報を公開し、そのうえで計画案検討段階から積極的な住民参加機会を作ることである。そうすれば、日本でもＳＥＡは導入可能である。

簡易アセスメントの導入はＳＥＡ導入の支援にもなる。地域の環境情報が蓄積されてゆけば、データがしだいにそろってゆくので、SEAも実施しやすくなる。

情報公開をめぐる誤解

再三述べてきたように、SEAにおいて代替案の比較検討を行うには事業計画の情報公開が必要であり、アセスメントを適切に実施するためには意思形成過程の情報は積極的に開示されなければならない。

ところが、情報公開に関しては抵抗が強く、情報公開を要求すると以下のような理由で反対されることが多い。第一に、無用な混乱が生じる、第二に、自由な意見表明が阻害される、そして、第三に、土地の買占めが行われる、である。しかしよく考えてみると、これらはいずれも正当性のない意見である。

第一の「無用な混乱が生じる」に対しては、次のように反論できる。民主主義社会では、多様な意見が出るのは正常なことである。環境問題では、環境面と社会・経済面のバランスをどうとるか、人によって考え方が異なり、さまざまな意見がありうるものである。だから多様な意見が出ないようでは、むしろその社会はおかしい。したがって、いわゆる混乱とは本来的な意味での混乱ではなく、有用で必要なものである。さまざまな主体が意見を表明し議論を重ねることにより、社会的に公正で、合理的、効率的、安定的な解決策を得ることができる。

第二の「自由な意見表明が阻害される」も、よく考えるときわめて不当な主張である。専門家とは、その専門領域において客観的に正しい情報を提供し、専門家の良心に恥じない判断をすることに社会的役割がある。したがって、もし自由に意見を表明できないような専門家がいたとすれば、その人物には、そもそも委員会や審議会のメンバーたる資格はない。専門家としての矜持を保つべきであり、高い倫理観が求められる。そして、意見表明を阻害する動きがあれば、身辺警護など、厳重に対処するシステムを作ることこそが本質である。密室での議論により生じる弊害は、きわめて甚大である。

第三に、「土地の買占め」については明確に反論できる。よくいわれる立地点などの計画情報を公開することにより生ずるとされる土地の買占めには、論理的に考えてみると何ら合理的な根拠がない。この言明に多くの人が騙されている。

買占めは、密かに計画の意思決定がなされ、それが公開されず特定少数の人だけが知っているときに生ずる。これは、いわゆるインサイダー情報である。情報公開がないからインサイダー情報が生まれる。もし、計画の確定していない段階で情報が公開されても、どこに立地するかわからないのだから買占めなど起こらない。また、自分の土地に立地するかもしれないということが公開されていれば、地主は土地を手放さない。計画段階の情報が公開されず、しかも、特定少数者だけが情報を知っているからこそ、土地の買占めが起こるのである。その結果、行政などの公共主体は高い価格で土地を購入することになり、社会に大きな損失を与えることとなる。

情報公開のメリット

このように、意思形成過程情報の公開によって大きな不都合が生じるとは思われない。むしろ、以下のようなメリットがある。

まず、政策や計画・事業など、予算執行にかかる意思形成過程の情報公開は、公費の妥当な支出をもたらす。

また、公共事業の実施において、複数の省庁が類似施設を近接して建設するといった無駄が生じているなど、縦割り行政の弊害は多い。意思形成過程の情報が公開されないため、省庁間で事前に調整するというインセンティブは生まれないのだ。意思形成過程の情報が公開されれば、このような無駄を未然に防ぐ可能性は飛躍的に高まる。

社会の監視の目にさらし、公衆の参加の機会を増やせば、住民の判断が意思形成に反映できる。この場合、公開の場で検討を行えば、合理性、効率性、とりわけ社会的公正性の観点から、不適切な判断は下せなくなる。

3　信頼されるシステムとするために

法令遵守(コンプライアンス)の担保

アセス法は遵守されなければならない。そのためには、司法制度との連動が必要である。行政手続法などの整備により、公衆が提訴できる範囲を拡大しなければならない。日本では国民が行政訴訟を起こすことがむずかしく、欧米に比べ著しく少ない。司法制度改革の流れのなかで若干の改善はみられたが、国民がより訴訟を起こすことが可能なように法整備を急ぐべきである。

ＮＥＰＡ制度はアメリカの司法制度との連動により改善されてきた。特に、施行後間もない一九七〇年代には重要な訴訟がいくつか行われ、その結果、ＮＥＰＡ制度自体の改善が進んだ。代替案の比較検討の推進は、訴訟においてこれが強く求められた結果である。また、スコーピング手続きは、早期段階から住民意見を聞いてアセスメント調査の準備を進めたほうが、むしろ訴訟が減ることを経験したために生まれた工夫である。これらは、訴訟制度が十分に機能していると、アセスメント制度改善の誘因となることを示している。

訴訟制度との連動を短期間に実現するのは困難かもしれない。そこで、アセス法のなかに異議中立制度を設けることも考えるべきであろう。これによって、訴訟によるよりも、問題の迅速な解決をはかることも期待できる。

異議中立制度は世界銀行のものが有名だが、日本でも国際協力分野ですでに採用されており、JICAだけでなく、国際協力銀行や日本貿易保険でも導入している。すなわち、国際協力の分野では、日本でも国際標準の制度がすでにできあがっている。この経験を国内制度にも生かすべきである。

審査の信頼性確保

法を遵守しただけでは、事業推進という結論ありきの「アワセメント」(序章参照)にならないという保証はない。アセスメント手続きは法律で規定されるが、アセスメント調査の内容自体は事業者による自主的なものである。調査自体は事業者自らが行うか、あるいは専門のコンサルタントに委託することから、事業者寄りの結果になると見られがちである。

そこで、アセスメントにより説明責任を果たすには、客観性の高い審査が必要となる。アセスメントプロセスの信頼性は、審査が厳正中立に行われることにより得られる。そのため、都道府県などの自治体のアセスメントでは行政担当者が審査をするものの、すべての自治体の制度で、外部専門家により構成される審査会が助言を行うことになる。この審査諮問機関が設置されているという事実は重要である。

ところが、法アセスメントでは環境省が審査を行うが、外部専門家により構成された審査諮問機関は設けられていない。現行法が制定された環境庁時代は、事業官庁ではなかったため第三者性があり、審査諮問機関がなくてもシステムとして基本的な問題はなかった。しかし、環境庁は二〇〇一年に環境省となり、アセス法の対象一三事業種のうち廃棄物最終処分場が所管事業となったため、アセスメント審査組織としての第三者性はなくなった。こうした状況のもとでは、自治体と同様に外部の専門家からなる審査諮問機関を設置するべきである。オランダの環境評価委員会のような、環境行政から一歩離れた組織が必要である。

専門家の倫理

審査制度とともに、人の問題がある。アセスメント審査会の専門家がどこまで専門家として客観的、中立的な判断を下せるか。これしだいである。アセスメント分野の先達、名古屋大学名誉教授の島津康男氏は、この点では西高東低だと指摘する。大学人のような専門家は、関東よりも関西のほうが専門家としての責任ある判断をする人が多いという。その真偽は別にして、権力との距離のとり方が審査会での判断に影響するということは重要である。いかに適切な人選をするか、これにかかっている。適切な人選とは、高度の専門性とともに、高い倫理観をもった専門家を選ぶということである。

この専門家の倫理に関しては、IAIAでも重視している。筆者がIAIAの理事・会長職を務めていた二〇〇八年に、IAIAは倫理行動規範を制定した。内容は九項目からなるが、それらのなかで特に五番目の規定が重要である。

「あらかじめ決まった結論に導くよう、分析にバイアスをかけたり、事実の削除や改竄《かいざん》を求められたときには、どんな場合でも、アセスメント専門家としてのサービスの提供は拒否すること。」

まさに、アワセメントはしないという規定である。国際学会であるIAIAがこのような規定を設けたということは、人間社会はどこででも、アワセメントが生じうることを示している。これは、日本だけの問題ではない。しかし、この規定を明記したことに大きな前進がある。専門家として信念を貫くことが求められる。

クライストチャーチからのメッセージ

IAIAが右記の倫理行動規範を承認したちょうど一〇年前、一九九八年のIAIA年次総会は、ニュージーランドのクライストチャーチで開かれた。

筆者は壇上に立ち、進行中の藤前干潟のアセスメントが適切に行われるようIAIAからアピールを出してもらいたいと訴えた。議論は沸騰したが、最後にこの提案は僅差で負けてしまった。この総会では、前年に日本がようやくアセスメントの法制化を行ったので、環境庁を表彰したところだった。表彰しておいてクレームをつけるのは、組織としていかがなものかというわけである。

このときフロアから手があがった。「ちょっと待った。組織としての立場はわかるが、われわれにはアセスメントの専門家としての責務がある。個人の判断でアピールをしよう。」満場の拍手が起こり、当時の会長、理事、事務局長など、主要メンバー七〇名が勧告書にサインをしてくれた。

筆者は帰国後、これを環境庁長官、愛知県知事、名古屋市長に提出した。新聞・テレビで報道され、この世界からのメッセージが日本政府を動かし、環境庁の背中を押した。そして、超党派の議員団が現地視察を行うに至った。

倫理観を養う

藤前干潟のアセスメントでは、審査会の委員として加えられた野鳥の専門家が、専門家としての信念を貫き、地元ＮＧＯ「藤前干潟を守る会」の意見に耳を傾け、追加調査が必要だとした。その結果、この干潟がラムサール条約登録湿地となりうるほど貴重な干潟であることが明らかになった。また、愛知万博アセスメントの審査会においても、一部の審査員が合理性のないデータや情報に疑問を呈し、事実関係を明らかにしていった。その結果、事務局が事実と違う情報を審査会に提示していたことがわかり、計画案の大幅な変更へと進むことができた。さらに、辺野古の普天間代替施設アセスメントにおいても、沖縄県の審査会自体は、専門家の努力で適切な判断を下した。

日本にも、このように倫理観の高い専門家は存在するが、その数はまだ少数である。多くの専門家は、審査会の事務局や事業者の提示する情報を無批判に受け入れがちで、結果的にアワセメントに加担してしまう。大学や大学院という高等教育の場で、倫理観の高い専門家を育成していくことがきわめて重要である。とりわけ、国民の税金で支えられている国立大学法人には、そのような教育を積極的に行う義務がある。

倫理観の高い専門家のイメージは、日本社会のなかにすでにある。それは、職人気質の専門家である。職人は自らの技術に誇りをもち、筋を通す。要領は悪くても、その技術には人々が信頼を寄せてきた。この職人のあり方の根源は、理想的な武士像を求めた武士道にあると筆者は考えている。武士は義を尊び、義を貫くためには命をもいとわない。武士は刀をもつがゆえではなく、その精神性の高さゆえに敬され、信頼された。倫理観の高い専門家とは、そのような存在である。

4　SEAからSAへ

持続可能性アセスメント(SA)

官民を問わず、人間活動の管理を行うというアセスメントの本来の趣旨からすると、環境面だけに焦点を当てた判断には限界がある。SEAは戦略的な意思決定を支援するものだが、本来の目的を達成するには、環境影響と社会・経済影響との総合的な比較考量が必要となる。そこで、戦略的環境アセスメントの「環境」をはずし、「戦略アセスメント」と称するほうがよいともいえる。

あるいは、持続可能性アセスメント(Sustainability Assessment, SA)としたほうが、その本質を明確に言い表わせる。実は、IAIAにおいてはこの議論が一般的になってきており、SEAを超えて、SAという言葉がかなり使われるようになってきた。

そこで最後に、官の行う公共事業を例に、SAの必要性を考えてみる。

公共事業の見直しが求められるのは、費用対効果に対して疑問が呈されたり、環境影響が心配されたりするからである。日本の公共事業への投資額は経済先進国のなかでは際立って多く、無駄な公共事業があるのではないかと疑われるのも無理はない。

公共事業費の割合は通常、GDPに対する政府固定資本形成の比率で示される。日本は少し前まではそれが六％前後あり、近年削減されたが、それでもまだ四～五％ある。これは欧米の経済先進国における二％前後に比べ、二倍以上という高い水準である。日本のGNPがアメリカに次ぎ第二位になったのは一九六八年であり、それ以来四〇年以上の間、公共事業費率は高い水準が維持されてきた。この間の投資で膨大な蓄積がなされたはずだから、いまだに巨額の公共投資が必要だとするのは理解しがたい。

インフラについては、都市部では道路や公園などの整備が遅れているが、国土全体でみれば相当に進んできた。例えば、高速道路の延長は国土面積あたりではアメリカの二倍、一般道では四・五倍にもなる。この一般道の整備水準は、国土のほとんどを平地が占めるオランダと同水準という高さである。ダムは二七〇〇か所もあるし、土地改良事業はどうか。これらも必要性が疑問視される事業が目立ってきた。

費用対効果が疑わしく、環境への影響が懸念される大規模公共事業がかなりある。例えば、八ッ場ダム建設の反対が強いのも、このような背景がある。時代は変わりつつある。二〇〇九年春、川辺川ダムは熊本県の蒲島郁夫知事が、ダムよりも総合治水で地域の経済発展をという県民の強い声に応え、計画の中止を宣言した。

公共事業の意思決定には、費用対効果の判断とともに、環境や社会への影響についての事前の十分な配慮が必要である。この双方を合わせて考えるのが、持続可能性アセスメント、SAである。その方法論的な枠組みには、むしろテクノロジー・アセスメント(TA)が適用される。本書では、TAについて述べる紙幅はないが、アセスメントとは応用面の広い概念なのである。

事業仕分けもSAで

二〇〇九年八月の政権交代後、いわゆる事業仕分けが行われ、国民の注目を浴びた。公開プロセスであったため、意思決定過程の透明性という点では評価でき、この点が特に国民からも支持された。しかし、その成果は期待はずれであった。無駄を減らすといっても容易ではない。また、短期間で一気に行われたため、適切な判断がされたかについて疑問も出された。例えば、科学技術や教育のような長期的視点が必要な事業に対しては、専門家の意見も十分に聞く必要があった。また、無駄な公共事業が多いといわれながら、大きなメスは入らなかった。

意思決定過程の透明性とは、意思決定が合理的で公正なものかを公衆が判断できることである。この点で、事業仕分けは、十分ではなかった。また、短期集中ではなく、定常的に行うシステムこそが必要である。その方法論は、基本的には環境アセスメントと同じである。ただし、費用対効果と環境社会影響を同時に配慮するので、SAということになる。

そして、現在の通常のアセスメントのような時間をかけるわけにはゆかない。簡易アセスメントの考え方で臨む。一件あたり二～三か月かければ、より適切な判断ができる。事業仕分けにおいても実際は事前調査も行われていたので、個々の案件は一日で判断されたわけではなく、もっと長い時間をかけているはずである。しかし、それが体系的には行われなかった。

事業仕分けの場合は、個々の事業計画の立案に用いた行政情報が必ずあるのだから、簡易アセスメントを行う場合よりも条件は格段によい。行政情報の公開と公衆参加を基本とした透明性の高いプロセスにすれば、案件によっては数週間、重要な案件でも二～三か月もあれば、事業仕分けの作業は可能である。

このように、無駄な公共事業を減らすにも、アセスメントという合理的で公正な判断を支援するシステムの活用が期待できる。その積み重ねが、持続可能な社会への道を切り開いてくれる。アセスメントは意思決定過程の透明性を高め、日本社会を変えてゆけるものである。

あとがき

現代は、官民を問わずあらゆる事業において公共への配慮が強く求められる時代である。事業者は、環境への影響を緩和する対策を十分とっていることについて、社会の理解を得なければならない。そのための効果的な手続きが環境アセスメントである。

環境アセスメントの考え方は、一般に社会の公的な意思決定においても適用することができる。それは、物事の判断が適切であったかを社会構成員が判断できること、いいかえれば、「意思決定過程の透明性」がいま強く求められているからである。政権交代が行われた二〇〇九年暮れの事業仕分けが国民から注目されたのも、意思決定過程の透明化に人々が期待したからである。環境アセスメントの要件である意思決定過程の透明性は、いまや政府のアカウンタビリティを満たすための必要条件となった。

環境アセスメントは、持続可能な社会における作法である。環境配慮の観点から人間活動を管理すれば、例えば、過剰なダムや道路などの公共事業を削減でき、将来に過大な累積債務は残さないはずだ。そして、大小にかかわらず個別の開発行為のチェックが行われ、地域の総合計画や土地利用計画に対する戦略的環境アセスメントが行われれば、東京のようなスプロールは回避できるはずである。

本書の校正を行っている最中に、ニュージーランドから地震災害の報道が飛び込んできた。ガーデンシティといわれ、都市空間にゆとりのあるクライストチャーチでさえ、悲惨な状態になったことに大きな驚きを感じた。第6章で紹介したように、同地でのIAIA大会からのメッセージは藤前干潟を救うことにつながった。この地震災害は、クライストチャーチからのもう一つのメッセージである。

東京でもし大地震が発生したらと思うと戦慄を覚える。阪神淡路大震災のときの神戸の街の状況を思い起こさずにはいられない。口絵の写真は、東京の地震災害リスクの大きさを如実に物語っている。一日でも早く戦略的環境アセスメントを導入して、スペースのゆとりを生む成長管理の方針に基づく計画的な対応をはからなければならない。本書がそのきっかけになればと願う。

二〇一〇年三月、環境影響評価法(アセス法)の改正案が国会に提出された。だが、本書執筆中の二〇一一年二月時点でも改正法は成立していない。政局の混乱の影響もあるが、アセスメントが重要だという国民的な合意があれば、ここまで引き延ばされることはなかったであろう。

参議院先議で始まった法案審議の過程では、改正案の不備も指摘された。参議院の環境委員会では、筆者も参考人の一人として意見を述べた。筆者の考えでは、アセスメントの対象を限定している現行法の目的の修正が必要であるが、この段階での修正は難しく、その代わりに改正法の早期見直しを提言した。提言の趣旨はよく理解され、改正法の見直し時期を政府原案の「施行後一〇年」から「施行後三年」に短縮した修正案が委員会を通過した。残念ながら参議院の本会議では政府原案に戻ってしまったが、議論の結果、議員諸氏の理解が得られたことは重要である。

七月の参議院選挙を挟み、臨時国会で法案は衆議院を通過し、再度参議院に送られて審議を待っている。もし成立しても、改正法の施行は二年後とされているため、二〇一三年までは現行法が適用される。新たな展開はなかなか難しい。

東京工業大学で工学博士号を取得後、最初に書いた論文がアセスメントに関するものであった。国立公害研究所(現・国立環境研究所)で研究を開始した一九七六年は、環境庁が環境影響評価法案(旧法案)の提出を試みた最初の年である。法案は八一年にようやく国会に提出されたが、八三年に審議未了で廃案となってしまった。この期間、筆者はマサチューセッツ工科大学に留学していた。以来、アセスメントをいかに日本社会に定着させるかが、筆者にとって重要な課題となった。

現在まで四〇年近くアセスメント研究を進めてきたことになる。その間多くの方の指導や助言、支援を得てきた。恩師、故・熊田禎宣東京工業大学名誉教授には社会工学の基本を教えていただき、未来学の林雄二郎先生からは常に先を見る戦略的な思考を学んだ。国立公害研究所では、当時の総合解析部の内藤正明部長(京都大学名誉教授)はじめ同僚諸氏から環境政策形成の問題などに目を開かせていただき、そのほか本学に奉職後も学内外の諸氏に負うところ大だが、ここに詳しく記す紙幅がない。

本書ができあがったのは、多くの貴重なコメントをいただき、筆者に「意味ある応答」をさせてくれた、岩波書店編集部の千葉克彦氏のおかげである。昨年四月以降、研究科長として学内用務で特に多忙になり執筆が遅れがちの筆者を励まし、適切な進行管理をしていただき、予想外に早く上梓できた。

口絵裏の「牛を飼う人」は、今は亡き幼友達、和泉奏平画伯の筆によるものである。この絵は、環境問題の本質をわれわれに考えさせてくれる。

二〇一一年一月

参考図書

環境アセスメント研究会編『実践ガイド・環境アセスメント』ぎょうせい(2007)
浅野直人監修，環境影響評価制度研究会編『戦略的環境アセスメントのすべて』ぎょうせい(2009)

参考図書

Canter, L., *Environmental Impact Assessment*, McGraw-Hill(1977)(大久保昌一監訳『環境影響評価報告書作成技法』清文社(1978))

島津康男『環境アセスメント』日本放送出版協会(1977)

山村恒年『環境アセスメント』有斐閣(1980)

原科幸彦編著『環境アセスメント』放送大学教育振興会(1994)

Sadler, B. and Verheem, R., *Strategic Environmental Assessment*(1996)(国際影響評価学会日本支部訳，原科幸彦監訳『戦略的環境アセスメント』ぎょうせい(1998))

島津康男『市民からの環境アセスメント』日本放送出版協会(1997)

大塚直，倉阪秀史，緒方行治，ジェフリー・ゲイバ，標博重，常岡孝好『環境アセスメント法』信山社出版(1997)

浅野直人『環境影響評価の制度と法』信山社出版(1998)

環境庁環境影響評価研究会『逐条解説・環境影響評価法』ぎょうせい(1999)

寺田達志『わかりやすい環境アセスメント』東京環境工科学園出版部(1999)

原科幸彦編著『改訂版・環境アセスメント』放送大学教育振興会(2000)

原科幸彦・横田勇監修，環境アセスメント研究会編『環境アセスメント基本用語事典』オーム社(2000)

環境省・環境アセスメント研究会編『わかりやすい戦略的環境アセスメント(戦略的環境アセスメント総合研究会報告書)』中央法規出版(2000)

柳憲一郎『環境アセスメント法』清文社(2000)

柳憲一郎・浦郷昭子『環境アセスメント読本——市民による活用術』ぎょうせい(2002)

環境影響評価制度研究会編『環境アセスメントの最新知識』ぎょうせい(2006)

原科幸彦

1946年静岡市生まれ，1975年東京工業大学理工学研究科博士課程修了，工学博士
1995年より東京工業大学大学院教授
国際影響評価学会(IAIA)会長，日本計画行政学会会長，国際協力機構・環境社会配慮異議申立審査役などを務める
専門―社会工学，環境計画・政策，環境アセスメント，住民参加，合意形成
編著書―『環境計画・政策研究の展開』(岩波書店，2007)，『市民参加と合意形成』(学芸出版社，2005)，『改訂版 環境アセスメント』(放送大学教育振興会，2000)，『環境指標』(共著，学陽書房，1986) ほか
訳書―サドラー，フェルヒーム『戦略的環境アセスメント』(ぎょうせい，1998)，ルウェエマム『低開発と産業化』(共訳，岩波書店，1987) ほか

環境アセスメントとは何か
―対応から戦略へ　岩波新書(新赤版)1301

2011年3月18日　第1刷発行

著　者　原科幸彦《はらしなさちひこ》

発行者　山口昭男

発行所　株式会社 岩波書店
〒101-8002 東京都千代田区一ツ橋2-5-5
案内 03-5210-4000　販売部 03-5210-4111
http://www.iwanami.co.jp/

新書編集部 03-5210-4054
http://www.iwanamishinsho.com/

印刷・三陽社　カバー・半七印刷　製本・中永製本

ISBN 978-4-00-431301-4　Printed in Japan

岩波新書新赤版一〇〇〇点に際して

ひとつの時代が終わったと言われて久しい。だが、その先にいかなる時代を展望するのか、私たちはその輪郭すら描きえていない。二〇世紀から持ち越した課題の多くは、未だ解決の緒を見つけることのできないままであり、二一世紀が新たに招きよせた問題も少なくない。グローバル資本主義の浸透、憎悪の連鎖、暴力の応酬――世界は混沌として深い不安の只中にある。

現代社会においては変化が常態となり、速さと新しさに絶対的な価値が与えられた。消費社会の深化と情報技術の革命は、種々の境界を無くし、人々の生活やコミュニケーションの様式を根底から変容させてきた。ライフスタイルは多様化し、一面では個人の生き方をそれぞれが選びとる時代が始まっている。同時に、新たな格差が生まれ、様々な次元での亀裂や分断が深まっている。社会や歴史に対する意識が揺らぎ、普遍的な理念に対する根本的な懐疑や、現実を変えることへの無力感がひそかに根を張りつつある。そして生きることに誰もが困難を覚える時代が到来している。

しかし、日常生活のそれぞれの場で、自由と民主主義を獲得し実践することを通じて、私たち自身がそうした閉塞を乗り超え、希望の時代の幕開けを告げてゆくことは不可能ではあるまい。そのために、いま求められていること――それは、個と個の間で開かれた対話を積み重ねながら、人間らしく生きることの条件について一人ひとりが粘り強く思考することではないか。その営みの糧となるものが、教養に外ならないと私たちは考える。歴史とは何か、よく生きるとはいかなることか、世界そして人間はどこへ向かうべきなのか――こうした根源的な問いとの格闘が、文化と知の厚みを作り出し、個人と社会を支える基盤としての教養となった。まさにそのような教養への道案内こそ、岩波新書が創刊以来、追求してきたことである。

岩波新書は、日中戦争下の一九三八年一一月に赤版として創刊された。創刊の辞は、道義の精神に則らない日本の行動を憂慮し、批判的精神と良心的行動の欠如を戒めつつ、現代人の現代的教養を刊行の目的とする、と謳っている。以後、青版、黄版、新赤版と装いを改めながら、合計二五〇〇点余りを世に問うてきた。そして、いままた新赤版が一〇〇〇点を迎えたのを機に、人間の理性と良心への信頼を再確認し、それに裏打ちされた文化を培っていく決意を込めて、新しい装丁のもとに再出発したいと思う。一冊一冊から吹き出す新風が一人でも多くの読者の許に届くこと、そして希望ある時代への想像力を豊かにかき立てることを切に願う。

（二〇〇六年四月）

環境・地球

生物多様性とは何か　井田徹治
ウナギ　地球環境を語る魚　井田徹治
キリマンジャロの雪が消えていく　石弘之
地球環境報告Ⅱ　石弘之
酸性雨　石弘之
地球環境報告　石弘之
イワシと気候変動　川崎健
森林と人間　石城謙吉
世界森林報告　山田勇
地球の水が危ない　高橋裕
原発事故はなぜくりかえすのか　高木仁三郎
中国で環境問題にとりくむ　定方正毅
地球持続の技術　小宮山宏
熱帯雨林　湯本貴和
日本の渚　加藤真
環境税とは何か　石弘光
ゴミと化学物質　酒井伸一
山の自然学　小泉武栄
地球温暖化を防ぐ　佐和隆光
地球温暖化を考える　宇沢弘文
地球環境問題とは何か　米本昌平
水の環境戦略　中西準子

情報・メディア

インターネット新世代　村井純
インターネットⅡ　村井純
インターネット　村井純
デジタル社会はなぜ生きにくいか　徳田雄洋
ジャーナリズムの可能性　原寿雄
ジャーナリズムの思想　原寿雄
ITリスクの考え方　佐々木良一
ユビキタスとは何か　坂村健
ウェブ社会をどう生きるか　西垣通
IT革命　西垣通
報道被害　梓澤和幸
メディア社会　佐藤卓己
NHK　松田浩
現代の戦争報道　門奈直樹
ソフトウェア入門　黒川利明
未来をつくる図書館　菅谷明子
メディア・リテラシー　菅谷明子
新聞は生き残れるか　中馬清福
テレビの21世紀　岡村黎明
インターネット術語集Ⅱ　矢野直明
インターネット術語集　矢野直明
新パソコン入門　石田晴久
読書力　齋藤孝
広告のヒロインたち　島森路子
パソコンソフト実践活用術　高橋三雄
フォト・ジャーナリストの眼　長倉洋海
職業としての編集者　吉野源三郎
抵抗の新聞人 桐生悠々　井出孫六
写真の読みかた　名取洋之助

岩波新書より

社会

希望のつくり方	玄田有史
生き方の不平等	白波瀬佐和子
同性愛と異性愛	風間孝・河口和也
居住の貧困	本間義人
生活保障 排除しない社会へ	宮本太郎
贅沢の条件	山田登世子
ブランドの条件	山田登世子
新しい労働社会	濱口桂一郎
世代間連帯	上野千鶴子・辻元清美
ルポ 雇用劣化不況	竹信三恵子
道路をどうするか	五十嵐敬喜・小川明雄
建築紛争	五十嵐敬喜・小川明雄
「都市再生」を問う	五十嵐敬喜・小川明雄
公共事業をどうするか	五十嵐敬喜・小川明雄
ルポ 労働と戦争	島本慈子
戦争で死ぬ、ということ	島本慈子
ルポ 解雇	島本慈子
子どもの貧困	阿部彩
子どもへの性的虐待	森田ゆり
森の力	浜田久美子
戦争絶滅へ、人間復活へ	むのたけじ・黒岩比佐子
テレワーク 「未来型労働」の現実	佐藤彰男
反貧困	湯浅誠
不可能性の時代	大澤真幸
地域の力	大江正章
ベースボールの夢	内田隆三
グアムと日本人 戦争を埋立てた楽園	山口誠
少子社会日本	山田昌弘
親米と反米	吉見俊哉
「悩み」の正体	香山リカ
いまどきの「常識」	香山リカ
若者の法則	香山リカ
変えてゆく勇気	上川あや
定年後	加藤仁
労働ダンピング	中野麻美
マンションの地震対策	藤木良明
誰のための会社にするか	ロナルド・ドーア
ルポ 改憲潮流	斎藤貴男
安心のファシズム	斎藤貴男
社会学入門	見田宗介
現代社会の理論	見田宗介
冠婚葬祭のひみつ	斎藤美奈子
壊れる男たち	金子雅臣
少年事件に取り組む	藤原正範
まちづくりと景観	田村明
まちづくりの実践	田村明
悪役レスラーは笑う	森達也
働きすぎの時代	森岡孝二
大型店とまちづくり	矢作弘
憲法九条の戦後史	田中伸尚
靖国の戦後史	田中伸尚
日の丸・君が代の戦後史	田中伸尚

岩波新書より

遺族と戦後	田中伸尚・田中宏・波田永実
在日外国人〔新版〕	田中宏
桜が創った「日本」	佐藤俊樹
生きる意味	上田紀行
ルポ 戦争協力拒否	吉田敏浩
社会起業家	斎藤槙
日本縦断 徒歩の旅	石川文洋
ウォーター・ビジネス	中村靖彦
食の世界にいま何がおきているか	中村靖彦
狂牛病	中村靖彦
男女共同参画の時代	鹿嶋敬
当事者主権	中西正司・上野千鶴子
リサイクル社会への道	寄本勝美
豊かさの条件	暉峻淑子
豊かさとは何か	暉峻淑子
リストラとワークシェアリング	熊沢誠
女性労働と企業社会	熊沢誠
能力主義と企業社会	熊沢誠
山が消えた 残土・産廃戦争	佐久間充
技術官僚	新藤宗幸
少年犯罪と向きあう	石井小夜子
仕事が人をつくる	小関智弘
自白の心理学	浜田寿美男
科学事件	柴田鉄治
証言 水俣病	栗原彬編
現代たばこ戦争	伊佐山芳郎
東京国税局査察部	立石勝規
バリアフリーをつくる	光野有次
雇用不安	野村正實
ドキュメント 屠場	鎌田慧
過労自殺	川人博
神戸発 阪神大震災以後	酒井道雄編
現代たべもの事情	山本博史
日本の農業	原剛
ボランティア もうひとつの情報社会	金子郁容
「成田」とは何か	宇沢弘文
自動車の社会的費用	宇沢弘文
都市開発を考える	大野輝之・レイコ・ハベ・エバンス
ディズニーランドという聖地	能登路雅子
ODA 援助の現実	鷲見一夫
読書と社会科学	内田義彦
資本論の世界	内田義彦
社会認識の歩み	内田義彦
科学文明に未来はあるか	野坂昭如編著
働くことの意味	清水正徳
戦後思想を考える	日高六郎
住宅貧乏物語	早川和男
食品を見わける	磯部晶策
社会科学における人間	大塚久雄
社会科学の方法	大塚久雄
地の底の笑い話	上野英信
日本人とすまい	上田篤
水俣病	原田正純
ユダヤ人	J-P・サルトル 安堂信也訳
社会科学入門	高島善哉